統計学入門

ワークブックで学ぶ

佐部利真吾

現代数学社

まえがき

　心理学，社会学，教育学，医学，薬学など多くの分野で，実験や調査で得たデータを統計的分析にかけて仮説の検証や法則性の探索が行われている．したがって，これらのことを学ぶには，統計的知識が必須である．本書は，筆者が担当した大学の統計学関連の授業のために作成した講義ノートをもとに，統計学の基礎を理解してもらう目的で作成したものである．本書には手計算による方法，Microsoft Excel を用いた方法（バージョン 2010 を想定），そして統計解析ソフト R（バージョン 2.15.1 を想定）を用いた方法を載せているが，それらはあくまで理論の理解を助けるためのものであり，本書はいわゆるハウツー物ではない．本書の内容だけでは，卒業研究などで統計的手法を用いてその結果を論文に仕上げるには十分でない．実際に統計的手法を利用する際には，通常は何らかの統計解析ソフトを本格的に使うことになり，その使い方や結果の見方を別の書籍やマニュアルで理解する必要がある．しかし，本書で統計学の基礎を理解しておけば，その際にかなりの助けになる．逆に，基礎を理解しないまま安易に統計解析ソフトを使えば，何がしかの結果を出してくれるものの，誤った使い方や解釈をしてしまう恐れがある．本書は大学等で統計学を初めて学ぶ学生のために作成したもので，数学が苦手な学生にもわかりやすいように書いたつもりである．本書で統計学の基礎を学んで，卒業研究などに役立ててもらいたい．

　なお，近年，特に心理学の分野では，"被験者"という呼称が人を対象とする研究ではふさわしくないとして，"実験参加者"等の呼称を用いるという流れがある．しかし本書では，説明を明確で容易にするために，あえて被験者という呼称を用いる．また，本書は大学等の授業での使用を前提にしているため，本書に掲載した問題の正答，解説は載せていないことを断っておく．

　最後に，本書の原稿に対し貴重なご助言をいただいた愛知学院大学心身科学部の千野直仁先生と，本書の出版にご尽力いただいた現代数学社の富田淳氏に，心より感謝申し上げる．

2014 年 2 月

佐部利 真吾

目 次

第 1 章 母集団と標本   2

第 2 章 尺度水準   4
    2.1 名義尺度 4
    2.2 順序尺度 4
    2.3 間隔尺度 4
    2.4 比尺度 5
    2.5 質的データと量的データ 5
    2.6 評定尺度データ 5

第 3 章 度数分布表とヒストグラム   6
    3.1 度数分布表 6
    3.2 ヒストグラム 7
    3.3 ヒストグラムを見る際のポイント 7
    3.4 Excel による方法 8
    3.5 R による方法 8

第 4 章 基本統計量（代表値）   10
    4.1 最頻値 10
    4.2 中央値 10
    4.3 平均 10
    4.4 各代表値のイメージ 10
    4.5 各尺度水準で計算できる代表値 11
    4.6 Excel による方法 12
    4.7 R による方法 12

第 5 章 基本統計量（散布度）   14
    5.1 四分位偏差 14
    5.2 分散と標準偏差 15
       5.2.1 考え方と計算手順 15
       5.2.2 正規分布における標準偏差の性質 16
       5.2.3 エラーバー 17
    5.3 各尺度水準で計算できる散布度 17
    5.4 Excel による方法 17
    5.5 R による方法 18
       5.5.1 散布度の計算 18
       5.5.2 エラーバー付きのグラフ 19

第 6 章 母集団の分布   20
    6.1 離散型確率分布〜二項分布を例に 20
       6.1.1 確率関数 20

	6.1.2 母平均と母分散	21
	6.1.3 二項分布の性質	22
6.2	連続型確率分布〜正規分布を例に	23
	6.2.1 確率密度関数	23
	6.2.2 確率の表し方	24
	6.2.3 母平均と母分散	24
	6.2.4 正規分布の性質	25
	6.2.5 正規分布近似を利用した二項分布の確率の計算	26
6.3	Excel による方法	27
6.4	R による方法	28

第 7 章 標本分布　30

7.1	基本的な考え方	30
7.2	特定の範囲に入る確率	30
7.3	t 分布のシミュレーション	33

第 8 章 母平均の区間推定　34

8.1	考え方と計算手順	34
8.2	区間推定のシミュレーション	36
8.3	Excel による方法	36
8.4	R による方法	36

第 9 章 母平均の差を調べる〜 t 検定　38

9.1	統計的仮説検定の考え方	38
9.2	データに対応がない場合の t 検定	38
	9.2.1 両側検定と片側検定	40
	9.2.2 第一種の誤りと第二種の誤り	41
	9.2.3 効果量と検定力分析	41
	9.2.4 データに対応がない場合の t 検定の前提	43
	9.2.5 母分散が等しいかどうか調べる〜 F 検定	44
	9.2.6 等分散性が満たされない場合の t 検定	45
9.3	データに対応がある場合の t 検定	46
9.4	Excel による方法	47
9.5	R による方法	48
	9.5.1 データに対応がない場合で等分散性を仮定した t 検定	48
	9.5.2 F 検定	48
	9.5.3 ウェルチの t 検定	49
	9.5.4 データに対応がある場合の t 検定	49

第 10 章 実験計画と分散分析　50

10.1	独立変数と従属変数	50
10.2	要因と水準	50
10.3	一要因計画	50
	10.3.1 被験者間計画	50
	10.3.2 被験者内計画	55
10.4	二要因計画	56
10.5	フィッシャーの 3 原則	58

第11章 量的データ間の関連を調べる〜相関係数と単回帰分析　60

11.1 散布図　60
11.2 共分散　61
11.3 相関係数　62
11.3.1 相関係数の注意点　62
11.3.2 相関係数の有意性検定　64
11.4 単回帰分析　64
11.5 Excel による方法　67
11.6 R による方法　68

第12章 質的データ間の関連を調べる〜 χ^2 検定　70

12.1 クロス表（分割表）　70
12.2 期待度数　71
12.3 セル χ^2 値　71
12.4 χ^2 値　71
12.5 イェーツの連続性補正　73
12.6 フィッシャーの正確確率検定　73
12.7 Excel による方法　77
12.8 R による方法　77

第13章 重回帰分析　78

13.1 偏回帰係数　79
13.2 標準偏回帰係数　80
13.3 決定係数・自由度調整済み決定係数　80
13.4 パス図による表現　81
13.5 予測　81
13.6 多重共線性　82
13.7 変数選択　82
13.8 質的データを説明変数に用いる場合　82

第14章 ロジスティック回帰分析　84

14.1 予備知識　84
14.1.1 対数と指数　84
14.1.2 オッズとオッズ比　85
14.2 モデル　85
14.3 偏回帰係数　87
14.3.1 意味　87
14.3.2 有意性検定　89
14.4 モデルの適合度　89
14.4.1 AIC　89
14.4.2 尤度比検定　90
14.4.3 擬似決定係数　90

第15章 因子分析　92

15.1 概要　92
15.2 分析事例　94
15.3 因子の解釈　97
15.4 因子得点と下位尺度得点　97

問題集	**100**
数表	**106**
標準正規分布表	106
t 分布表（両側）	107
F 分布表（片側）	108
χ^2 分布表（片側）	110
引用文献	**112**
索引	**114**

第1章 母集団と標本

いま，現在いる日本人の平均身長を知りたいとしよう．現在いる日本人を全員連れてきて身長を測ればこれを求めることができるものの，それには大変なコストや労力を要する．そうではなくて，日本人全体の中から無作為に少数の人を選び，その人達の身長を測ったデータから，日本人全体の平均身長を推測するという方法ならば，コストや労力は少なくてすむ．この問題では，日本人全体を **母集団**（population），選ばれた少数の人を **標本**（sample）といい，母集団から標本を取り出すことを"**抽出する**"という．標本を抽出する際は無作為に行うのが基本であり，これを **無作為抽出**（random sampling）という．そして，手にした標本のデータ自体の特徴を把握することを **記述統計**（descriptive statistics），標本のデータから母集団について推測することを **推測統計**（inferential statistics）という（図1.1参照）．なお，母集団の要素すべてを調査対象とする方法は **全数調査**（complete survey）といい，国勢調査がその例である．それに対して，母集団から標本を抽出して調べる方法は **標本調査**（sample survey）になる．

母集団には，要素数が有限の **有限母集団**（finite population）と，要素数が無限の **無限母集団**（infinite population）がある．例えば，"現在いる日本人全体"は人数が確定しているので有限母集団であり，"ある工場で生産する製品"はその工場が動き続ける限り増え続ける（と仮定される）ので無限母集団である．また，有限母集団であっても，要素数が多ければ無限母集団とみなしても結果にほとんど変わりはない．統計学では多くの場合，無限母集団について考えることになる．

本書では，無限母集団，標本調査を前提とし，記述統計と推測統計の方法を見ていく．これ以降，要所要所で，標本について言及しているのか母集団について言及しているのかを区別する必要がある．例えば，平均にも標本の平均（**標本平均**（sample mean））と母集団の平均（**母平均**（population mean））があり，これらを混同しないように注意していただきたい．

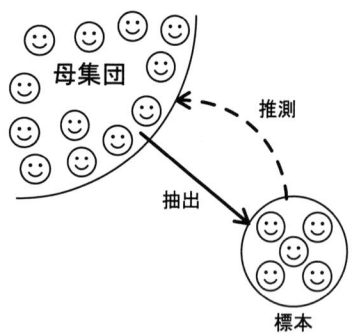

図1.1: 推測統計の概念図

第2章 尺度水準

手にするデータがどんな種類のものであるかを確認することは重要である．データのレベル（**尺度水準**（scale level））によってデータがもっている情報量が違うので，計算できる指標や利用できる分析手法が異なる．尺度水準は4つあり，それぞれの特徴は表2.1の通りである．

表 2.1: 各尺度水準の特徴

分類	尺度水準	区別	大小関係	等間隔性	絶対原点	データ同士の計算	例
質的	名義尺度	○				不可	性別
	順序尺度	○	○			不可	マラソンの順位
量的	間隔尺度	○	○	○		加・減のみ可	摂氏の温度
	比尺度	○	○	○	○	加・減・乗・除可	反応時間

2.1 名義尺度

名義尺度（nominal scale）は，どのカテゴリーかを区別する記号の意味しかもたない．したがって，データ同士の計算はできない．例えば，男性を1，女性を2とした性別のデータがこれにあたる．この1，2という数字は男性か女性かを区別するためだけに便宜的につけたもので，女性の方が男性より1大きいとか，女性は男性の2倍といった関係はない．

2.2 順序尺度

順序尺度（ordinal scale）では大小関係に意味がある．例えばマラソンの順位がこれにあたる．このデータでは，1位がぶっちぎりでゴールして2位と3位が僅差であった場合も，1位と2位が僅差で3位が大きく引き離された場合も，同じ扱いである．これも，データ同士の計算はできない．

2.3 間隔尺度

間隔尺度（interval scale）は大小関係に加えて等間隔性をもつ．間隔尺度の例としてよく挙げられるのが摂氏の温度である．1℃と2℃の間隔は2℃と3℃の間隔に等しい．ただし，0℃は水が凍る点を指しており，本当の意味での温度ゼロを指しているわけではない．本当の意味での温度ゼロは絶対零度と呼ばれ，摂氏でいうと −273.15℃である．間隔尺度ではこのように原点が絶対的なものではなく，任意に決められる．

データ同士の計算は加法と減法のみ可能である．例えば，ある行動について

	全く当てはまらない	あまり当てはまらない	どちらともいえない	だいたい当てはまる	よく当てはまる
パターンA	1	2	3	4	5
パターンB	2	3	4	5	6

のどれかを尋ねる5段階の評定尺度（2.6節参照）に対して，被験者の新田さんが「だいたい当てはまる」に，被験者の河合さんが「あまり当てはまらない」に○をつけたとする．数値をパターンAのように与えたとき，新田さんは4，河合さんは2になる．このとき，4/2 = 2だから，新田さんは河合さんの2倍であると言ってよいだろうか？今回はパターンAのように割り当てたが，数値をスライドさせてパターンBのように割り当ててもよいはずである．このとき，新田さんは5，河合さんは3となり，同じ計算をすると5/3になってしまう．このように，間隔尺度では原点が任意なので，データ同士で乗法と除法ができない．

2.4 比尺度

比尺度（ratio scale）[1]は，等間隔性に加えて絶対的な原点（**絶対原点**（absolute origin））をもつ．データ同士の計算は，加減乗除すべて可能である．例えば，刺激が出現してからキーが押されるまでを測った反応時間がこれにあたる．反応時間が0秒であることは，刺激が出現してからキーが押されるまで全く時間がかからなかったことを表す．

2.5 質的データと量的データ

名義尺度のデータと順序尺度のデータを合わせて**質的データ**（qualitative data）と呼ぶ．それに対し，間隔尺度のデータと比尺度のデータを合わせて**量的データ**（quantitative data）と呼ぶ．間隔尺度と比尺度は多くの場合，分析を行う上であまり差がないので，量的データとしてまとめて扱われる．

2.6 評定尺度データ

心理学などではよく，ある行動や態度に対して「全く当てはまらない」「あまり当てはまらない」「どちらともいえない」「だいたい当てはまる」「よく当てはまる」のいずれかに○をつけさせるといった回答のさせ方をすることがある．このような方法を**評定尺度法**（rating scale method）といい，このようにして得られたデータは，少なくとも順序尺度ではあるものの，厳密に等間隔性があるかは議論の余地がある．しかし，間隔尺度とした方が分析手法の幅が格段に広がるため，間隔尺度として扱われることが多い．このあたりの議論は，例えば脇田（2004）に詳しい．

演習問題
名義尺度の例を挙げよ．

順序尺度の例を挙げよ．

間隔尺度の例を挙げよ．（これは他よりも難しい）

比尺度の例を挙げよ．

---
[1] 比率尺度とも呼ばれる．

第3章 度数分布表とヒストグラム

手にしたデータの分布の様子を把握するには，**度数分布表**（frequency table）と**ヒストグラム**（histogram）を作成する．度数分布表は，例えば血液型のデータなら，A型が何人，B型が何人，O型が何人，AB型が何人か，やその割合を示す表である．名義尺度のデータやとりうる値が多様でない場合（例えば5段階評定尺度のデータ）は，このように各々について**度数**（frequency）を数えればよい．だが，値が多様な場合（例えば1円単位の年収のデータ）は，全く同じ値が何度も出てくることがないので，区間を定めてそこに入る度数を数える．ここでは，表3.1の架空データを使って，後者の場合で度数分布表とヒストグラムを作成する例を示す．

3.1 度数分布表

1. データの最大値と最小値から，データの範囲（最大値－最小値）を求める．
   最大値（　　　　　）　　最小値（　　　　　）　　範囲（　　　　　　　）

2. 階級の数と階級の幅を決める．階級の数は**標本サイズ**（sample size）を基に決める（例えばスタージェスの公式（Sturges' formula）[1] が目安になる）．ここで，標本サイズは（対象が人なら）標本内の被験者数を示す．階級の幅は，データの範囲 / 階級の数 を目安にキリのいい値にするとよい．
   【ここでは，階級の数を8，階級の幅を50とした】

3. 各階級の境界値を決める．そこに観測値が落ちないように，観測値よりも単位が一桁下のものをとるとよい．そして，各階級の中央の値を求め，**階級値**（class value）とする．
   【ここでは表3.2のように決めた】

4. 各階級に入る観測値がいくつあるか数え，度数欄に記入する．

5. 全体に対する割合を知るには，度数を標本サイズで割った**相対度数**（relative frequency）を求める．

表 3.1: 架空データ

364	272	241	143	162
176	211	356	230	441
316	241	125	325	207
372	188	183	258	170
302	269	285	214	224
108	136	63	339	331
292	236	251	203	248
158	280	298	195	425
347	151	75	312	223
117	385	328	264	276
143	162	243	272	364

表 3.2: 度数分布表

より大		以下	階級値	度数	相対度数
50.5	～	100.5	75.5		
100.5	～	150.5	125.5		
150.5	～	200.5	175.5		
200.5	～	250.5	225.5		
250.5	～	300.5	275.5		
300.5	～	350.5	325.5		
350.5	～	400.5	375.5		
400.5	～	450.5	425.5		

---

[1] 階級の数 $= 1 + \log_2$ 標本サイズ

3.2 ヒストグラム

度数分布表を棒グラフにしたものがヒストグラムである．これは通常，棒の間隔を空けずに描かれる．さらに，各棒の上辺の中点（階級値の位置）を直線で結んだ折れ線を描くと分布の特徴がわかりやすい．これを **度数多角形**（frequency polygon）という．なお，左端の棒の1つ左と右端の棒の1つ右には度数0の階級があるとみなして，それらの中点も結ぶ．

図3.1を使って，表3.2の値からヒストグラムと度数多角形を作成せよ．

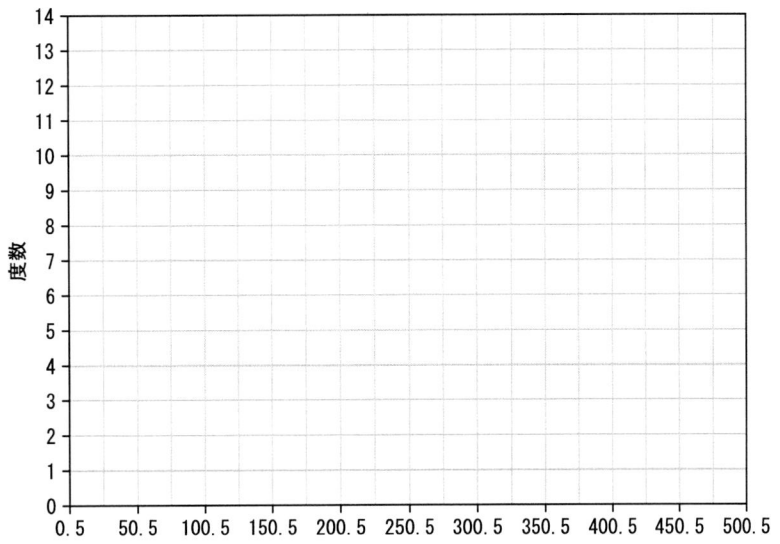

図 3.1: ヒストグラムと度数多角形

3.3 ヒストグラムを見る際のポイント

ヒストグラムを見る際のポイントに，量的データの場合，**正規分布**（normal distribution）がある．正規分布とは図3.2のような左右対称の釣鐘状の分布で，中心に平均がくる（6.2節で詳述）．ヒストグラムを概観して，手にした標本の背後にある母集団が正規分布にしたがっている（これを **正規性**（normality）という）かどうかを確認するとよい．母集団が正規分布にしたがっていれば，そこから無作為に抽出した標本でヒストグラムを描くと似たような山を描くはずである．代表的な分析手法の多くはこの正規性の仮定をおいている．なお，正規分布にしたがう母集団を **正規母集団**（normal population）という．また，より厳密に，統計的仮説検定によって正規性を確認する方法もある．

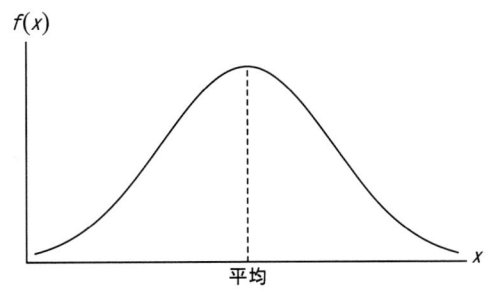

図 3.2: 正規分布の概形

3.4 Excelによる方法

Excelで度数分布表とヒストグラムを作成するには,「データ分析」の「ヒストグラム」が利用できる.

3.5 Rによる方法

```
data3.1 <- c(    # データを入力
        364, 272, 241, 143, 162,
        176, 211, 356, 230, 441,
        316, 241, 125, 325, 207,
        372, 188, 183, 258, 170,
        302, 269, 285, 214, 224,
        108, 136,  63, 339, 331,
        292, 236, 251, 203, 248,
        158, 280, 298, 195, 425,
        347, 151,  75, 312, 223,
        117, 385, 328, 264, 276,
        143, 162, 243, 272, 364
)
bound    <- seq(from=50.5, to=450.5, by=50) # 階級の境界値を定義
out.freq <- hist(data3.1, breaks=bound) # 度数分布表の情報を保存し,ヒストグラムを描く
out.freq$mids    # 階級値
out.freq$count   # 度数
```

スクリプト例

```
> out.freq$mids    # 階級値
[1]  75.5 125.5 175.5 225.5 275.5 325.5 375.5 425.5
> out.freq$count   # 度数
[1]  2  6  9 12 11  8  5  2
```

出力

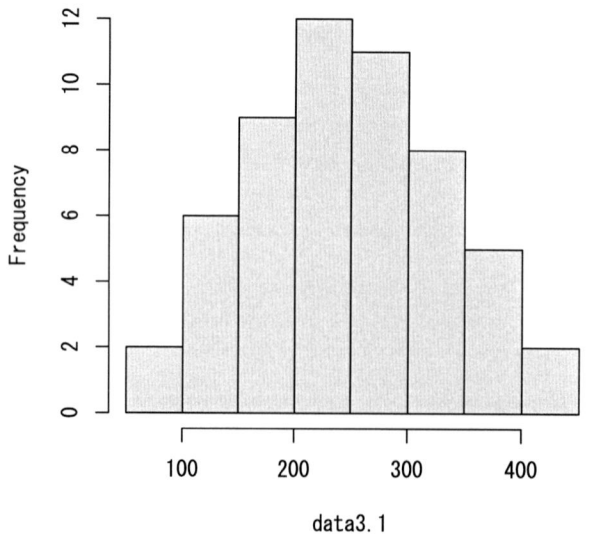

出力(ヒストグラム)

第4章 基本統計量（代表値）

3章で説明した度数分布表とヒストグラムによって，手にしたデータの分布の様子が把握できた．では次に，その分布の特徴を **基本統計量**（basic statistics）と呼ばれる指標で表してみよう．ここでは基本統計量のうち，**代表値**（average）について述べる．代表値は，文字通りデータを代表する値である．有名なものには平均があるが，他にもいくつかある．

4.1 最頻値

最頻値（mode）とは，最も出現頻度の高い値である．これはすべての尺度水準で求めることができる．値が多様な場合（例えば1円単位の年収のデータ）は，全く同じ値が何度も出てくることがないので，度数分布表における最も度数の多い階級の階級値とする．

4.2 中央値

中央値（median）とは，データを大きさの順に並べ替えたときに中央にくる値である．データ数が偶数の場合は中央の2つの値を足して2で割った値である．これは，順序尺度，間隔尺度，比尺度で求めることができる．

4.3 平均

単に **平均**（mean）という場合，通常は **算術平均**（arithmetic mean）のことを指し，データの合計をデータの個数で割ったものである．これは，間隔尺度と比尺度で計算できる．

4.4 各代表値のイメージ

問題 次のデータの最頻値，中央値，平均を求めよ．

| 2 | 5 | 6 | 1 | 3 | 8 | 6 | 4 | 5 | 3 | 7 | 3 | 4 | 3 | 10 | 4 | 2 | 3 | 4 | 1 | 2 | 7 | 9 | 2 | 5 |

最頻値	中央値	平均

このデータの各値を同じ重さの重りとみなし，図4.1のように目盛りのついた板にのせたとする．最頻値は重りが最も多いところ，中央値はそれより前半（白）と後半（グレー）が同じ個数になるところ，平均は重さの釣り合いがとれたところ，というイメージである．

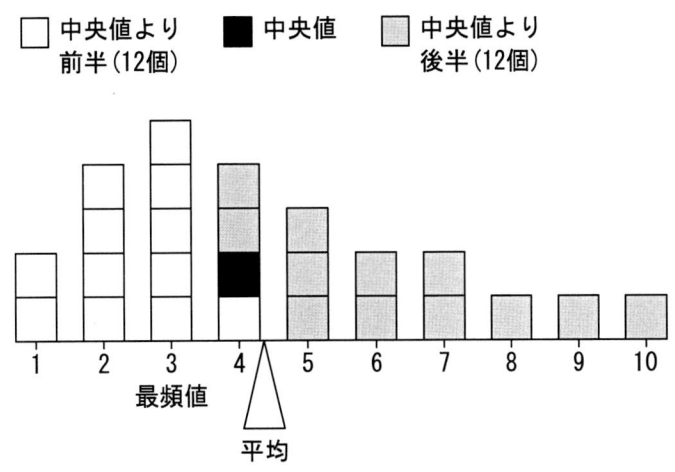

図 4.1: 各代表値のイメージ

量的データであっても，分布によっては代表値として平均を用いない方がよい場合がある．分布の山が大きく歪んだデータだと，平均は少数の大きな（または小さな）値に大きく影響を受ける．例えば，年収のデータでは，左の方（300万円前後）にピークがきて右のすそ野が長い歪んだ分布になり，その平均は少数の高額所得者によって高い方へ引っ張られる．

4.5 各尺度水準で計算できる代表値

各尺度水準で計算できる代表値をまとめると，表4.1の通りになる．

表 4.1: 各尺度水準で計算できる代表値

尺度水準	最頻値	中央値	平均
名義尺度	○		
順序尺度	○	○	
間隔尺度	○	○	○
比尺度	○	○	○

演習問題　次のデータの最頻値，中央値，平均を求めよ．

被験者	新田	河合	富川	高井	渡辺	生稲	我妻
観測値	4	5	2	1	2	5	2

最頻値	中央値	平均

4.6　Excelによる方法

Excelで代表値を計算するには，次の機能が利用できる．

- MODE.MULT　　　　　　　最頻値を返す関数（複数ある場合は配列の形式で全部返す）
- MODE.SNGL　　　　　　　最頻値を返す関数（複数ある場合は最初のものを返す）
- MEDIAN　　　　　　　　　中央値を返す関数
- AVERAGE　　　　　　　　平均を返す関数
- 「データ分析」の「基本統計量」　代表値を含む各種指標を計算する

4.7　Rによる方法

```
# 演習問題のデータ
data.enshu <- c(4, 5, 2, 1, 2, 5, 2)  # データを入力
median(data.enshu)   # 中央値
mean(data.enshu)     # 平均
```

スクリプト例

```
> # 演習問題のデータ
> data.enshu <- c(4, 5, 2, 1, 2, 5, 2)  # データを入力
> median(data.enshu)   # 中央値
[1] 2
> mean(data.enshu)     # 平均
[1] 3
```

出力

第5章 基本統計量（散布度）

中学や高校の定期試験でよく，自分のでき具合をクラスの平均点との比較で判断することがあっただろう．例えば，ある科目の試験があって，クラスの平均点が50点で，自分は70点だったとする．このとき，自分が平均点より高かったからと単純に喜んでいいだろうか？例えば，このクラスの試験結果が図5.1のパターンAのような場合とパターンBのような場合では，平均点が同じ50点でも，散らばり具合がかなり違う．パターンAでの70点とパターンBでの70点では，クラスにおける位置が異なることがわかる．このように，平均などの代表値だけではデータの特徴を把握するには不十分で，散らばりの大きさを表す **散布度**（dispersion）も必要である．本書ではこの散布度の指標として，四分位偏差，分散，標準偏差を取り上げる．

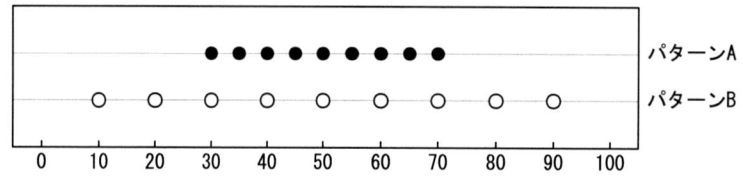

図 5.1: あるクラスの試験の結果（架空）

5.1 四分位偏差

四分位偏差（quartile deviation）[1]は順序尺度，間隔尺度，比尺度で計算できる．これを求めるにはまず，データを大きさの順に並べ，小さい方から25%目の値（**第1四分位数**）と75%目の値（**第3四分位数**）を見つける．なお，50%目の値（**第2四分位数**）は中央値に等しい．**四分位数** とはデータを4等分する値であり，図で表すと図5.2のようになる．

図 5.2: 四分位数の概念図

四分位偏差は次式により求められる：

$$四分位偏差 = \frac{第3四分位数 - 第1四分位数}{2} \tag{5.1}$$

---
[1] 四分領域（semi-interquartile range）とも呼ばれる．

5.2 分散と標準偏差

5.2.1 考え方と計算手順

問題 次のデータは無作為に選んだ A 地方の生徒の学力試験の得点である（架空）．このデータの散らばり具合を数値で表したい．

被験者	新田	河合	富川	城之内	我妻	平均
得点	11	23	32	39	45	

量的データ（間隔尺度，比尺度）の場合，散布度として **分散**（variance）が計算できる．これは，データの散らばり具合は各観測値が平均からどれだけ離れているかによるという考えに基づいており，後述するように標本分散は，図 5.3 中の両矢印の長さをそれぞれ 2 乗したものの平均である．

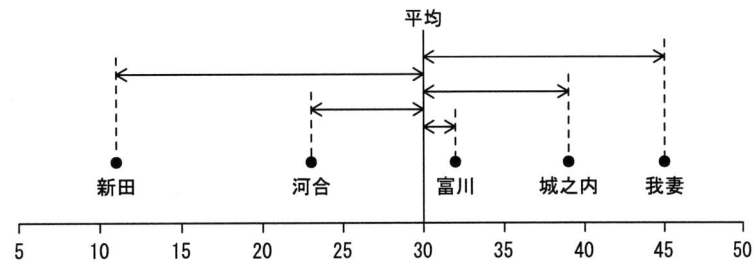

図 5.3: 分散の考え方（標本分散は両矢印の長さをそれぞれ 2 乗したものの平均）

そこでまず，各値から平均を引いた値（**偏差**（deviation））を求めてやる．次にこれらを合計したいのだが，単純に合計すると 0 になってしまう．

被験者	新田	河合	富川	城之内	我妻	—
得点	11	23	32	39	45	合計すると…
偏差						

そこで，偏差の 2 乗をとって合計する．偏差の 2 乗をとると，偏差がプラスの場合はプラスに，マイナスの場合もプラスになるので，合計しても相殺されない．

被験者	新田	河合	富川	城之内	我妻	—
偏差	−19	−7	2	9	15	合計
偏差の 2 乗						

偏差の 2 乗の合計を標本サイズで割ったものを **標本分散**（sample variance）という．なお，分散にはもう一種類あり，偏差の 2 乗の合計を標本サイズ−1 で割ったものを **不偏分散**（unbiased variance）という[2]．不偏分散は，母集団の分散（**母分散**（population variance））の推定において **不偏性**（unbiasness）[3] という性質をもっている．今回のデータで標本分散と不偏分散を計算せよ．

標本分散		不偏分散	

---

[2] 標本から計算される分散という意味では，不偏分散も標本分散といえる．だが，ここでは標本自体の散らばり具合の指標という意味で，偏差の 2 乗の合計を標本サイズで割る方を標本分散と呼び，標本サイズ−1 で割る方を不偏分散と呼んで区別する．なお，文献によっては，標本分散や sample variance というときに不偏分散を指すことがあるので注意が必要である．

[3] その期待値が母集団の値に一致するという性質．

データを $x_1, x_2, \ldots, x_n$ としてその平均を $\bar{x}$ とすると，標本分散と不偏分散はそれぞれ次のように書ける：

$$標本分散 = \frac{1}{n}\sum_{i=1}^{n}(x_i - \bar{x})^2 \tag{5.2}$$

$$不偏分散 = \frac{1}{n-1}\sum_{i=1}^{n}(x_i - \bar{x})^2 \tag{5.3}$$

さらに，分散だと偏差を2乗したままなので，分散の正の平方根をとってやると標準的な偏差を得ることができる．これを **標準偏差**（standard deviation (SD)）という．これを式で書くと次のようになる：

$$標準偏差 = \sqrt{分散} \tag{5.4}$$

標本分散の正の平方根で求める標準偏差と，不偏分散の正の平方根で求める標準偏差に対して，統一的な呼び分け方はなく，本書ではこれ以降，前者を標本分散に基づくという意味で **(標本) 標準偏差**，後者を不偏分散に基づくという意味で **(不偏) 標準偏差** と表記することにする[4]．

(標本) 標準偏差	(不偏) 標準偏差
【標本分散の正の平方根】	【不偏分散の正の平方根】

注）小数第3位を四捨五入して小数第2位まで求めよ．

演習問題　次のデータは無作為に選んだ B 地方の生徒の学力試験の得点である（架空）．散布度の各指標を求めよ（小数第3位を四捨五入して小数第2位まで求めよ）．

被験者	高井	中島	岩井	生稲	杉浦	平均
得点	12	44	25	30	14	
偏差						合計
偏差の2乗						

標本分散	
不偏分散	
(標本) 標準偏差	
(不偏) 標準偏差	

5.2.2　正規分布における標準偏差の性質

ここでは母集団について考えてみよう．母集団にも平均（母平均），分散（母分散），標準偏差（**母標準偏差**（population SD））がある．そして，正規分布は 6.2.1 節で述べるように，平均と分散の値で形が決まる．さらに，正規分布では，平均−標準偏差から平均＋標準偏差の間に全体の約 68% が入る（図 5.4 参照）．

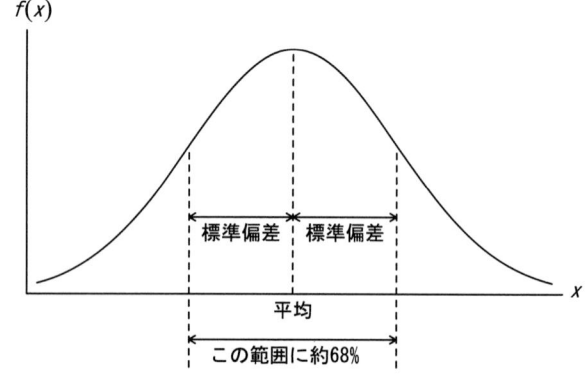

図 5.4: 正規分布における標準偏差の性質

---

[4] この (不偏) 標準偏差には不偏性がない．

5.2.3 エラーバー

代表値のグラフを描く際は，散布度の情報も入れるとよい．図 5.5 の左は，先の A 地方と B 地方の生徒の学力試験の，平均のみのグラフである．この図からは，A 地方と B 地方には大きな差があるように見える．これに標準偏差の情報を加えたのが図 5.5 の右のグラフで，そこに描かれたひげのようなものは**エラーバー**（error bar）という．図 5.5 の右のグラフのエラーバーは (不偏) 標準偏差に基づいており，平均からプラスの方向とマイナスの方向にそれぞれ (不偏) 標準偏差分だけ伸びている（片方の方向だけ描く場合もある）．正規分布では平均±標準偏差の間に全体の約 68%が入るということを念頭に置くと（5.2.2 節参照），正規分布を仮定して母集団の分布の様子を図からイメージすれば，A 地方と B 地方の分布はかなり重なっていて差がそれほど大きくなさそうなことがわかる．2 つの図はそもそも縦軸の目盛が違う．図 5.5 の左のグラフのように目盛の間隔の数字を小さくすれば，小さな差を意図的に大きく見せることができる．しかし，図 5.5 の右のグラフのようにエラーバーをつければ，分布の様子自体をイメージできるので惑わされない．なお，エラーバーは標準偏差以外の値に基づいて描かれることもある．エラーバーを描く際は，それが何を示すかをどこかに記述する必要がある．

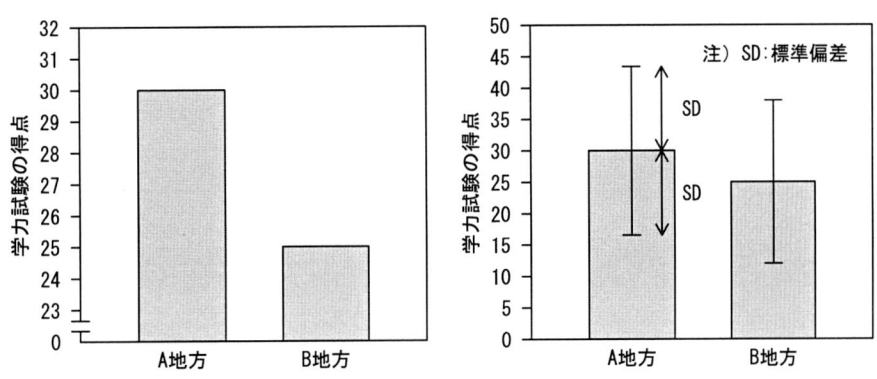

図 5.5: 平均のみのグラフ（左）と標準偏差に基づくエラーバー付きのグラフ（右）

5.3 各尺度水準で計算できる散布度

各尺度水準で計算できる散布度をまとめると，表 5.1 の通りになる．

表 5.1: 各尺度水準で計算できる散布度

尺度水準	四分位偏差	分散	標準偏差
名義尺度			
順序尺度	○		
間隔尺度	○	○	○
比尺度	○	○	○

5.4 Excelによる方法

Excel を使って，ここで述べた散布度の指標を計算するには，次の機能が利用できる．また，Excel のグラフ作成機能にはエラーバーをつけるオプションがある．

- QUARTILE　　　　　　　　　　四分位数を返す関数
- VAR.P　　　　　　　　　　　　標本分散を返す関数
- VAR.S　　　　　　　　　　　　不偏分散を返す関数
- STDEV.P　　　　　　　　　　（標本）標準偏差を返す関数
- STDEV.S　　　　　　　　　　（不偏）標準偏差を返す関数
- 「データ分析」の「基本統計量」　散布度を含む各種指標を計算する

5.5　Rによる方法

5.5.1　散布度の計算

```
s.var      <- function(x){var(x)*(length(x)-1)/length(x)}  # 標本分散の関数を定義
s.sd       <- function(x){sqrt(s.var(x))}                  # (標本)標準偏差の関数を定義
data5.2.1 <- c(11, 23, 32, 39, 45)  # データを入力
quantile(data5.2.1)    # 四分位数
IQR(data5.2.1) / 2     # 四分位偏差
var(data5.2.1)         # 不偏分散
sd(data5.2.1)          # (不偏)標準偏差
s.var(data5.2.1)       # 標本分散
s.sd(data5.2.1)        # (標本)標準偏差
```

スクリプト例

```
> s.var      <- function(x){var(x)*(length(x)-1)/length(x)}  # 標本分散の関数を定義
> s.sd       <- function(x){sqrt(s.var(x))}                  # (標本)標準偏差の関数を定義
> data5.2.1 <- c(11, 23, 32, 39, 45)  # データを入力
> quantile(data5.2.1)    # 四分位数
  0%  25%  50%  75% 100%
  11   23   32   39   45
> IQR(data5.2.1) / 2     # 四分位偏差
[1] 8
> var(data5.2.1)         # 不偏分散
[1] 180
> sd(data5.2.1)          # (不偏)標準偏差
[1] 13.41641
> s.var(data5.2.1)       # 標本分散
[1] 144
> s.sd(data5.2.1)        # (標本)標準偏差
[1] 12
```

出力

5.5.2　エラーバー付きのグラフ

```
areaA    <- c(11, 23, 32, 39, 45)           # A地方のデータ
areaB    <- c(12, 44, 25, 30, 14)           # B地方のデータ
ms       <- c(mean(areaA), mean(areaB))     # 平均のベクトル
sds      <- c(sd(areaA), sd(areaB))         # (不偏)標準偏差のベクトル
vrange   <- c(0, 50)                        # 縦軸の下限と上限のベクトル
x.points <- barplot(                        # 棒グラフを描き，各棒の中点の横座標を保存
          ms, names.arg=c("A地方", "B地方"),
          sub="平均と標準偏差", ylab="学力試験の得点", ylim=vrange)
arrows(x.points, ms, x.points, ms+sds, length=0.2, angle=90)  # エラーバーの上部を描く
arrows(x.points, ms, x.points, ms-sds, length=0.2, angle=90)  # エラーバーの下部を描く
```

スクリプト例

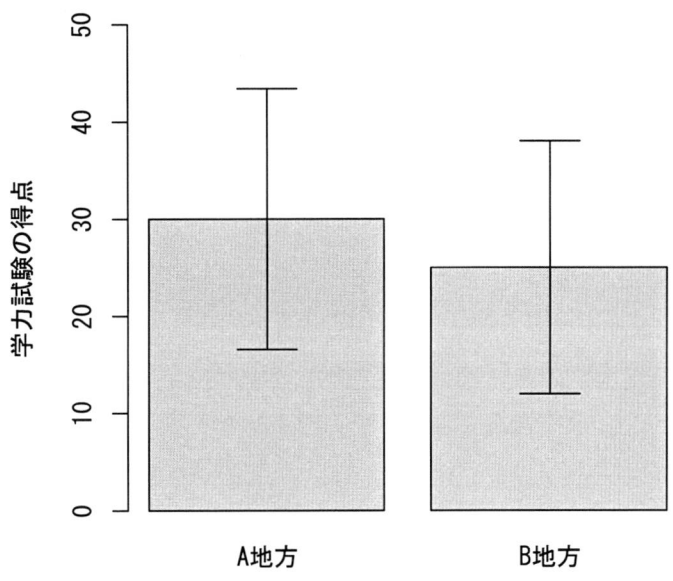

平均と標準偏差

出力

第6章 母集団の分布

3章では手にした標本の分布について考えたが，ここでは標本の背後にある母集団の分布について考える．ここで，とりうる値が確率的に決まる変数を **確率変数**（random variable）といい，確率変数がとる値とその確率の組み合わせを **確率分布**（probability distribution）という．確率変数には大きく，何かの回数のように飛び飛びの値をとる **離散型確率変数**（discrete random variable）と，身長や体重のように連続的な値をとる **連続型確率変数**（continuous random variable）があり，それぞれの確率分布を **離散型確率分布**（discrete probability distribution），**連続型確率分布**（continuous probability distribution）という．本章では，二項分布を例に離散型確率分布を，正規分布を例に連続型確率分布を説明する．

6.1 離散型確率分布～二項分布を例に

6.1.1 確率関数

問題 表が出る確率が40%の歪んだコインがあるとする．このコインを3回投げたとき，2回表が出る確率はいくつか．

まず，表が2回出るパターンをすべて書き出すと，次の3通りになる：

パターン	1回目	2回目	3回目	確率
パターン1	表	表	裏	$0.4 \times 0.4 \times 0.6 = 0.096$
パターン2	表	裏	表	$0.4 \times 0.6 \times 0.4 = 0.096$
パターン3	裏	表	表	$0.6 \times 0.4 \times 0.4 = 0.096$

パターンの数3は，3つ（コイン投げの回数）の中から2つ（そのうち表が出る回数）を選ぶ組み合わせの数になる．各パターンになる確率は0.096で同じであり，3パターンのどれかになる確率は $3 \times 0.096 = 0.288$ となる．

これを一般的に考えてみよう．ここで，一定の確率の下で2つのうちどちらか1つをとる事象を起こさせ，さらにある回の試行が他の回の試行に影響を与えないような試行を **ベルヌーイ試行**（Bernoulli trial）という．コインを投げた結果は表か裏かの2通りしかなく，さらに，ある回のコイン投げが他の回のコイン投げに影響しない（表が出た後は必ず裏が出るなどといったことはない）ので，ベルヌーイ試行である．一方の事象が起こる確率が p であるベルヌーイ試行を n 回行って，その中でその事象が起こる回数 X は，**二項分布**（binomial distribution）にしたがい，X が x である確率は

$$P(X=x) = p(x) = {}_n\mathrm{C}_x p^x (1-p)^{n-x} \tag{6.1}$$

と表される．ここで，$P(\cdot)$ は ( ) 内のことが起こる確率を示す．今回の問題は，$p=0.4$, $n=3$, $x=2$ の場合にあたる．離散型確率分布において，確率変数が特定の値をとる確率を表す関数を **確率関数**（probability function）といい，二項分布では $p(x)$ がそれにあたる．ここで，${}_n\mathrm{C}_x$ は，n 個の中から x 個取り出す組み合わせの数であり，

$$ {}_n\mathrm{C}_x = \frac{n!}{x!(n-x)!} \tag{6.2}$$

である．なお，$n!$ は n の **階乗**（factorial）で，1 から n までの自然数の積である：

$$0! = 1$$
$$1! = 1$$
$$2! = 2 \times 1$$
$$3! = 3 \times 2 \times 1$$
$$n! = n \times (n-1) \times \cdots \times 2 \times 1$$

確率変数 X が x 以下の値をとる確率を表す関数を **累積分布関数**（cumulative distribution function）または **分布関数**（distribution function）といい，二項分布の場合は次のようになる：

$$P(X \leq x) = F(x) = \sum_{i=0}^{x} p(i) \tag{6.3}$$

今回の問題で，表が出る回数が 0, 1, 2, 3 のすべての場合を計算すると，

$$p(0) = {}_3\mathrm{C}_0 \times 0.4^0 \times (1-0.4)^{3-0} = \frac{3!}{0! \times 3!} \times 1 \quad \times 0.216 = \frac{3 \times 2 \times 1}{1 \times (3 \times 2 \times 1)} \times 0.216 = 0.216$$

$$p(1) = {}_3\mathrm{C}_1 \times 0.4^1 \times (1-0.4)^{3-1} = \frac{3!}{1! \times 2!} \times 0.4 \quad \times 0.36 = \frac{3 \times 2 \times 1}{1 \times (2 \times 1)} \times 0.144 = 0.432$$

$$p(2) = {}_3\mathrm{C}_2 \times 0.4^2 \times (1-0.4)^{3-2} = \frac{3!}{2! \times 1!} \times 0.16 \times 0.6 = \frac{3 \times 2 \times 1}{(2 \times 1) \times 1} \times 0.096 = 0.288$$

$$p(3) = {}_3\mathrm{C}_3 \times 0.4^3 \times (1-0.4)^{3-3} = \frac{3!}{3! \times 0!} \times 0.064 \times 1 \quad = \frac{3 \times 2 \times 1}{(3 \times 2 \times 1) \times 1} \times 0.064 = 0.064$$

となり，例えば表が出る回数が 2 以下になる確率は次のようになる：

$$F(2) = \sum_{i=0}^{2} p(i) = p(0) + p(1) + p(2) = 0.216 + 0.432 + 0.288 = 0.936$$

演習問題　30%の確率で不良品を作ってしまう工作機械があるとする．この機械が製品を 4 個作ったとき，そのうち 2 個が不良品である確率はいくつか．また，不良品が 2 個以下である確率はいくつか．

p		n		不良品が 2 個の確率		不良品が 2 個以下の確率	

6.1.2 母平均と母分散

今回の問題で，とりうる値それぞれに，それが起こる確率をかけて足し合わせると次のようになる：

$$\sum_{i=0}^{3} i \times p(i) = 0 \times p(0) + 1 \times p(1) + 2 \times p(2) + 3 \times p(3) = 1.2$$

これは，表が出る平均的な回数を表している．これを一般的に書けば，二項分布では

$$E(X) = \mu = \sum_{i=0}^{n} i \times p(i) = np \tag{6.4}$$

となる．これを確率変数 X の **期待値**（expectation）といい，母平均 μ を表している．

今回のようにコインを3回投げては表が出る回数を調べるということを何度も繰り返したとき，平均的には1.2回であるが，回数はどれほどバラつくのだろうか？似たような値をとることが多いのか，大きい値や小さい値をとることもけっこう起こるのか，ということである．そこで，次の指標を考える：

$$\begin{aligned}\sum_{i=0}^{3} (i-\mu)^2 \times p(i) =\ & (0-1.2)^2 \times p(0) \\ & +(1-1.2)^2 \times p(1) \\ & +(2-1.2)^2 \times p(2) \\ & +(3-1.2)^2 \times p(3) \\ =\ & 0.72\end{aligned}$$

これを一般的に書けば，二項分布では

$$V(X) = \sigma^2 = \sum_{i=0}^{n} (i-\mu)^2 p(i) = np(1-p) \tag{6.5}$$

となる．これは $(X-\mu)^2$ の期待値であり，母分散 σ^2 を表している．

6.1.3 二項分布の性質

二項分布には，n が大きくなるほど正規分布に近づく性質がある（p が 0.5 に近いほど良い近似をする）．なお，正規分布は 6.2.1 節で述べるように平均と分散で形が決まる．二項分布はそのようなとき，平均が np，分散が $np(1-p)$ の正規分布に近づく（図 6.1 参照）．ここで，図 6.1 は次を示している：

1. $p = 0.4$ で $n = 3$ の二項分布の確率関数（左図の各棒の面積（棒の幅が 1））

2. 1. の二項分布が近似する，平均が $np = 1.2$，分散が $np(1-p) = 0.72$ の正規分布の確率密度関数（左図の破線）

3. $p = 0.4$ で $n = 6$ の二項分布の確率関数（右図の各棒の面積（棒の幅が 1））

4. 3. の二項分布が近似する，平均が $np = 2.4$，分散が $np(1-p) = 1.44$ の正規分布の確率密度関数（右図の破線）

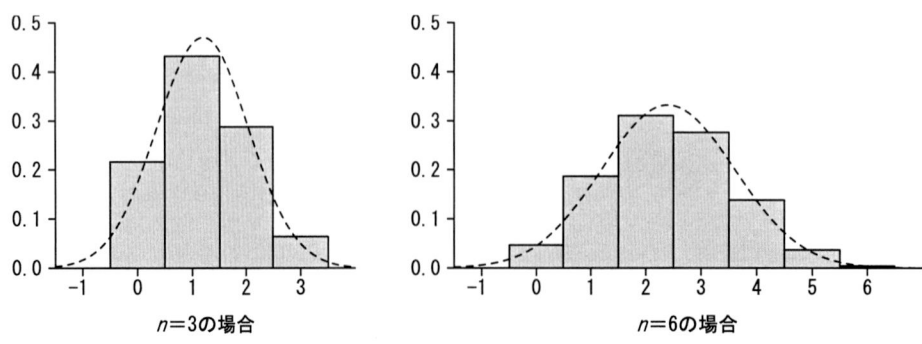

図 6.1: 二項分布（$p = 0.4$）とそれに近似する正規分布

なお，連続型確率分布である正規分布は 6.2.2 節で述べるように，ある特定の値をとる確率ではなく，ある範囲をとる確率を面積によって表現する．一方で二項分布は離散型確率分布であり，0, 1, 2, 3... と飛び飛びの値をとる．図 6.1 はまだ $n = 3$ と $n = 6$ の場合なので，正規分布の山に対して二項分布の棒はまだ粗いが，n を大きくしていくと粗さがとれていき，二項分布における確率を正規分布を使って計算できるようになる．6.2.5 節で，正規分布近似を利用した二項分布の確率の計算方法を示す．

6.2 連続型確率分布〜正規分布を例に

6.2.1 確率密度関数

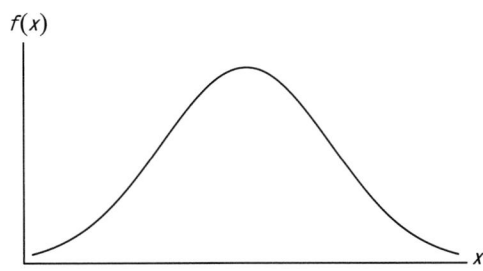

図 6.2: 正規分布の確率密度関数

連続型確率分布では，**確率密度関数**（probability density function）または**密度関数**（density function）と呼ばれるものが定義される．図 6.2 は，正規分布における確率密度関数

$$f(x) = \frac{1}{\sqrt{2\pi}\sigma} e^{-\frac{1}{2}\left(\frac{x-\mu}{\sigma}\right)^2} \tag{6.6}$$

を表している．(6.6) 式中の π は円周率，e は自然対数（natural logarithm）の底[1]であり（14.1.1 節参照），μ と σ はそれぞれ（母集団の）平均と（母集団の）標準偏差である．この関数は μ と σ がわかれば特定できるので，正規分布は平均と標準偏差によってその形が決まる．標準偏差を 2 乗したものが分散なので，平均と分散で形が決まるともいえる．平均が大きければ山全体が右の方に位置し（山の中心が平均），分散が大きければ平べったい山になる（図 6.3 参照）．特に，平均が 0 で分散が 1 の正規分布を**標準正規分布**（standard normal distribution）という．また，正規分布は，$N($平均, 分散$)$ とも表記される．標準正規分布なら，$N(0, 1)$ である．なお，確率密度関数は確率そのものを表すわけではない．次節で，連続型確率分布における確率の表し方を述べる．

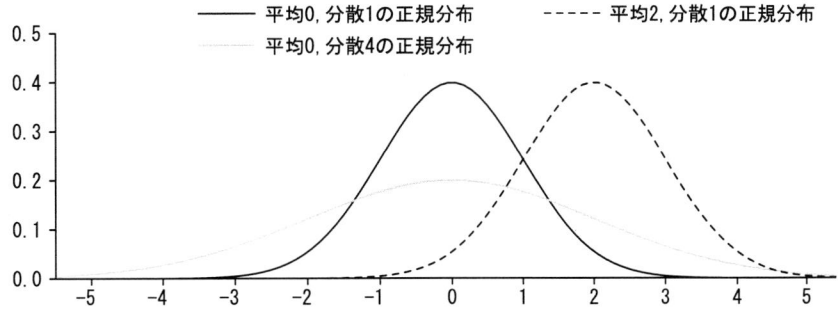

図 6.3: 様々な正規分布

---
[1] ネイピア数（Napier's constant）とも呼ばれ，2.71828... という定数である．

6.2.2 確率の表し方

身長がぴったり 170cm の人はいるのだろうか？通常の計測器で測ったら 170cm でも，高精度の計測器で測ったら 0.01cm 違っているかもしれない．そこで違っていなくても，さらに高精度の計測器で測ったら 0.001cm 違っているかもしれない．このように，連続的な値をとる連続型確率変数は，いくらでも細かくできるので，特定の値にぴったり一致する事態を考えにくい．したがって連続型確率分布では，特定の値をとる確率ではなく，特定の範囲に入る確率を考える．

正規分布にしたがう確率変数 X が $a \sim b$ の範囲に入る確率は，

$$P(a \leq X \leq b) = \int_a^b f(x)\,dx \tag{6.7}$$

と表される．これは，図 6.4 の (1) のグレーで示す領域の面積である．また，5.2.2 節で述べた内容は，

$$P(\mu - \sigma \leq X \leq \mu + \sigma) = \int_{\mu-\sigma}^{\mu+\sigma} f(x)\,dx \fallingdotseq 0.68 \tag{6.8}$$

と書ける（図 6.4 の (2) 参照）．なお，正規分布では $-\infty$ から ∞ の間をとりうるので，山全体の面積は

$$\int_{-\infty}^{\infty} f(x)\,dx = 1 \tag{6.9}$$

となる（図 6.4 の (3) 参照）．また，分布関数（確率変数 X が x 以下である確率を表す関数）は

$$F(x) = P(X \leq x) = \int_{-\infty}^{x} f(y)\,dy \tag{6.10}$$

と書くことができる（図 6.4 の (4) 参照）．

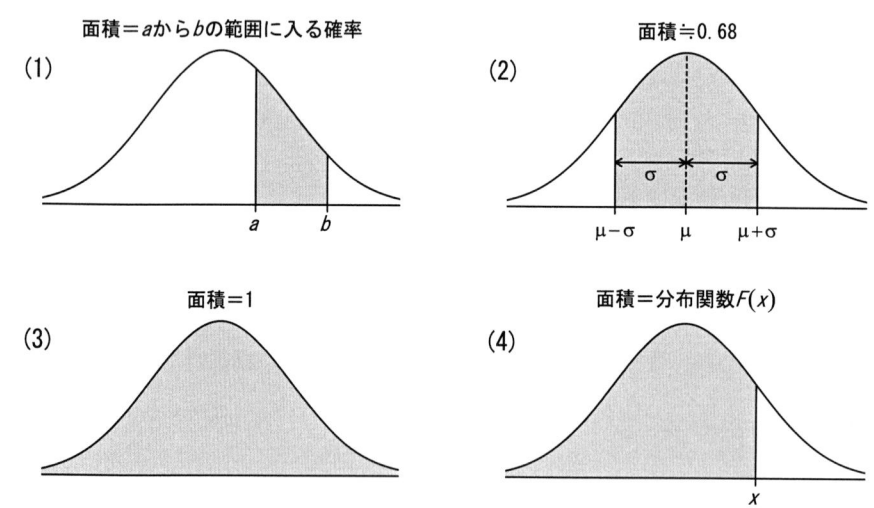

図 6.4: 確率の表し方

6.2.3 母平均と母分散

連続型確率分布における確率変数 X の期待値（母平均）と分散（母分散）は，それぞれ次のようになる：

$$E(X) = \mu = \int_{-\infty}^{\infty} x f(x)\,dx \tag{6.11}$$

$$V(X) = \sigma^2 = \int_{-\infty}^{\infty} (x - \mu)^2 f(x)\,dx \tag{6.12}$$

6.2.4 正規分布の性質

正規分布の性質に次がある：

1. 平均 μ，分散 σ^2 の正規分布にしたがう確率変数 X に定数 c を足した $X+c$ は，平均 $\mu+c$，分散 σ^2 の正規分布にしたがう．

2. 平均 μ，分散 σ^2 の正規分布にしたがう確率変数 X に定数 s をかけた sX は，平均 $s\mu$，分散 $s^2\sigma^2$ の正規分布にしたがう．

例えば，平均が 1，分散が 2 の正規分布にしたがう確率変数 X に対して，

1. $X+3$ は，平均が $1+3=4$，分散が 2 の正規分布にしたがう．

2. $5(X+3)$ は，平均が $5\times 4=20$，分散が $5^2\times 2=50$ の正規分布にしたがう．

この性質を利用すれば，平均 1，分散 2 の正規分布にしたがう確率変数 X を，次のように標準正規分布（平均 0，分散 1 の正規分布）にしたがうようにもっていくことができる：

1. $X-1$ は，平均が $1-1=0$，分散 2 の正規分布にしたがう．

2. $(X-1)/\sqrt{2}$ は，平均が $0/\sqrt{2}=0$，分散が $2/2=1$ の正規分布，つまり標準正規分布にしたがう．

これを一般的に書けば，平均 μ，分散 σ^2 の正規分布にしたがう確率変数 X に対して次の変換を施すと

$$Z = \frac{X-\mu}{\sigma} \tag{6.13}$$

この Z は，平均が $(\mu-\mu)/\sigma=0$，分散が $\sigma^2/\sigma^2=1$ の正規分布，つまり標準正規分布にしたがう．

標準正規分布にしたがう確率変数 Z がある範囲に入る確率を得るには，p.106 の標準正規分布表が利用できる．この表は，Z が z 以上になる確率を表しており，z は x.x* で表現されている．例えば，Z が 1.23 以上になる確率は，z の x.x が 1.2 なので行が 1.2*，z の * が 3 なので列が x.x3 に該当する 0.1093 である（この表では小数第 4 位までに丸めてあり，また 0.1093 の先頭の 0 を省略してある）．

したがって，ある正規分布にしたがう変数が特定の範囲に入る確率は，標準正規分布にしたがうように変換してから，標準正規分布表を利用することで得ることができる．例えば，平均 3，分散 2^2 の正規分布にしたがう確率変数 X が 4.7 以上になる確率を求めるには，まず X を

$$Z = \frac{X-3}{2}$$

と変換する．この Z は標準正規分布にしたがう．X が 4.7 以上である確率は，この Z が

$$\frac{4.7-3}{2} = 0.85$$

以上になる確率と同じである．Z が 0.85 以上になる確率は，標準正規分布表で 0.8* の行，x.x5 の列を読み取って，0.1977 とわかる．以上を式で表すと次のようになる：

$$\begin{aligned} P(4.7 \leq X) &= P\left(\frac{4.7-3}{2} \leq \frac{X-3}{2}\right) \\ &= P(0.85 \leq Z) \\ &\simeq 0.1977 \end{aligned}$$

演習問題 a 平均 0.7，分散 1.5^2 の正規分布にしたがう確率変数 X が 0.88 以上になる確率はいくつか．

演習問題 b 　　平均 2，分散 0.4^2 の正規分布にしたがう確率変数 X が 2.3 以下になる確率はいくつか．
（ヒント：正規分布の山全体の面積が 1 であることを利用する）

演習問題 c 　　平均 3.5，分散 1.2^2 の正規分布にしたがう確率変数 X が 2 以下になる確率はいくつか．
（ヒント：正規分布は 0 を中心に左右対称であることを利用する）

演習問題 d 　　平均 50，分散 10^2 の正規分布にしたがう確率変数 X が 40 〜 60 の範囲に入る確率はいくつか．（ヒント：演習問題 b と c でやったことを応用せよ）

6.2.5　正規分布近似を利用した二項分布の確率の計算

6.1.3 節で，二項分布は n が大きいほど，平均 np，分散 $np(1-p)$ の正規分布に近づくことを述べた．したがって，n が十分大きいとき，二項分布における確率を，正規分布を利用して計算することができる．

問題 　　表が出る確率が 0.5 のコインを 400 回投げたとき，表が 203 回以上出る確率はいくつか．

この問題は，二項分布で $p = 0.5$，$n = 400$ の場合にあたる．ここでは，$p(203), p(204), \ldots, p(400)$ をすべて計算して合計するのではなく，この二項分布が，平均 $np = 200$，分散 $np(1-p) = 100$ の正規分布に近似することを利用しよう．さらに，**半整数補正** を施すことで近似の精度がよくなる．これは，二項分布にしたがう確率変数 X が a 〜 b の範囲に入る確率

$$P(a \leq X \leq b)$$

を，その二項分布が近似する正規分布にしたがう確率変数 Y が $a - 0.5$ 〜 $b + 0.5$ の範囲に入る確率

$$P(a - 0.5 \leq Y \leq b + 0.5)$$

として計算するものである．

今回の問題では，半整数補正を施して，問題の確率を，近似された正規分布上で Y が $203 - 0.5$ 以上である確率として求めよう．平均 200，分散 100 の正規分布にしたがう確率変数 Y に対して，

$$Z = \frac{Y - 200}{\sqrt{100}} = \frac{Y - 200}{10}$$

は標準正規分布にしたがう．平均 200，分散 100 の正規分布上で Y が $203 - 0.5$ 以上である確率は，Z が

$$\frac{(203 - 0.5) - 200}{10} = 0.25$$

以上である確率と同じなので，標準正規分布表（p.106）において行が 0.2*，列が x.x5 に該当する値から，0.4013 だとわかる．以上を式で表すと次のようになる：

$$P(203 \leq X) \fallingdotseq P(203 - 0.5 \leq Y) = P\left(\frac{(203 - 0.5) - 200}{10} \leq \frac{Y - 200}{10}\right)$$
$$= P(0.25 \leq Z)$$
$$\fallingdotseq 0.4013$$

本書の標準正規分布表は小数第 4 位までに丸めてあり，この方法で求めたより厳密な確率は，0.401293... である．なお，正規分布近似を利用せずに二項分布に基づいて計算された確率は，0.401312... である．

演習問題 偶数の目が出る確率が 0.5 のサイコロを 900 回振って，470 回以上偶数の目が出る確率はいくつか．二項分布の正規分布近似を利用して求めよ（半整数補正も施せ）．

6.3 Excel による方法

Excel を使って本章に出てきた計算を行うには，次の関数が利用できる．

関数	出力	引数
FACT	階乗 $x!$	x
COMBIN	組み合わせ $_nC_x$	総数 n，抜き取り数 x
BINOM.DIST	二項分布の確率関数 $p(x)$	…関数形式＝FALSE
	二項分布の分布関数 $F(x)$	…関数形式＝TRUE
		成功数 x，試行回数 n，成功率 p
NORM.DIST	正規分布の密度関数 $f(x)$	…関数形式＝FALSE
	正規分布の分布関数 $F(x)$	…関数形式＝TRUE
		x，平均 μ，標準偏差 σ

6.4 Rによる方法

```
factorial(3)                # 3の階乗
choose(n=3, k=2)            # 3個の中から2個選ぶ組み合わせの数
objects <- c("A", "B", "C") # 3個のモノのラベルをA, B, Cとする
combn(objects, 2)           # A, B, Cの中から2個選ぶ組み合わせをすべて表示
# ある事象が起こる確率が0.4のベルヌーイ試行を3回行ってその事象が2回起こる確率
dbinom(2, size=3, prob=0.4)
# その事象が起こる回数が2回以下である確率
pbinom(2, size=3, prob=0.4)
# 平均3, 分散4（標準偏差2）の正規分布の確率密度関数 f(x)について, f(4.7)を求める
dnorm(4.7, mean=3, sd=2)
# その正規分布にしたがう確率変数が4.7以下である確率 F(4.7)
pnorm(4.7, mean=3, sd=2)
# その正規分布にしたがう確率変数が4.7以上である確率
1 - pnorm(4.7, mean=3, sd=2)
```

スクリプト例

```
> factorial(3)                # 3の階乗
[1] 6
> choose(n=3, k=2)            # 3個の中から2個選ぶ組み合わせの数
[1] 3
> objects <- c("A", "B", "C") # 3個のモノのラベルをA, B, Cとする
> combn(objects, 2)           # A, B, Cの中から2個選ぶ組み合わせをすべて表示
     [,1] [,2] [,3]
[1,] "A"  "A"  "B"
[2,] "B"  "C"  "C"
> # ある事象が起こる確率が0.4のベルヌーイ試行を3回行ってその事象が2回起こる確率
> dbinom(2, size=3, prob=0.4)
[1] 0.288
> # その事象が起こる回数が2回以下である確率
> pbinom(2, size=3, prob=0.4)
[1] 0.936
> # 平均3, 分散4（標準偏差2）の正規分布の確率密度関数 f(x)について, f(4.7)を求める
> dnorm(4.7, mean=3, sd=2)
[1] 0.1389924
> # その正規分布にしたがう確率変数が4.7以下である確率 F(4.7)
> pnorm(4.7, mean=3, sd=2)
[1] 0.8023375
> # その正規分布にしたがう確率変数が4.7以上である確率
> 1 - pnorm(4.7, mean=3, sd=2)
[1] 0.1976625
```

出力

第7章 標本分布

6章では，標本の背後にある母集団の分布について考えた．ここでは，母集団の分布ではなく，母集団から抽出された標本から計算されるもの（**統計量**（statistics））の分布について考える．この統計量の分布を**標本分布**（sampling distribution）という．ここでは標本分布の基本的な考え方を，t分布を例に説明する．

7.1 基本的な考え方

いま，正規母集団からある標本サイズの標本を無作為に抽出し，その標本から次のt値を計算するとする：

$$t = \frac{標本平均 - 母平均}{\frac{(標本)\ 標準偏差}{\sqrt{標本サイズ - 1}}} \tag{7.1}$$

標本を無作為に抽出してはこのt値を計算するということを何度も繰り返すと想像する．このように計算されるt値は，t**分布**（t-distribution）という分布にしたがう．ただし，t分布は**自由度**（degree of freedom）という値によってその形が決まる．(7.1) 式によるt値は，自由度が

$$自由度 = 標本サイズ - 1$$

のt分布にしたがう．t分布は標準正規分布に似ており，ともに 0 を中心に左右対称である（図 7.1 参照）．t分布は自由度が大きくなるにつれて標準正規分布に近づいていき，自由度が無限大のt分布は標準正規分布と一致する．

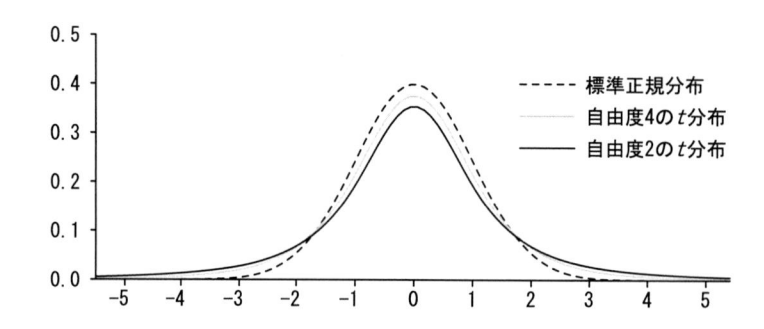

図 7.1: 自由度 2 及び 4 のt分布と標準正規分布

7.2 特定の範囲に入る確率

標本分布にはこのt分布の他にも，F分布やχ^2分布などがある．本書の巻末の数表を使えば，t分布，F分布，χ^2分布でそれぞれ対応する統計量が特定の範囲に入る確率がわかる．例えば p.107 のt分布表の数値はν（ギリシア文字で "ニュー" と読む）とPに対応しており，自由度がνのt分布において，該当する数値より大きなt値が得られる確率が$P/2$であることを示している（図 7.2 参照）．また，t分布は 0 を中心に左右対称なので，該当する数値にマイナスをつけた値より小さなt値が得られる確率も$P/2$である．

つまり，自由度が ν の t 分布において，該当する数値のマイナスの値より小さいか，該当する数値より大きい t 値が得られる確率が P である．

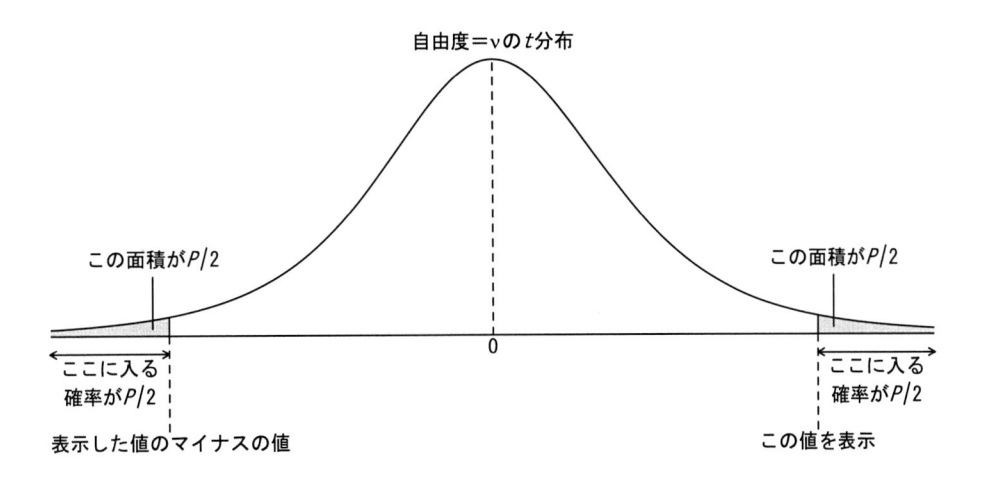

図 7.2: t 分布表（p.107）の意味

例えば，t 分布表で，$\nu = 4$ で $P = 0.05$ の値は 2.78 である[1]．これより，次のことがわかる（図 7.3 参照）：
自由度が 4 の t 分布において，

1. t 値が -2.78 より小さいか，2.78 より大きい確率は 0.05 である．

2. t 値が $-2.78 \sim 2.78$ の範囲に入る確率は 0.95 である．

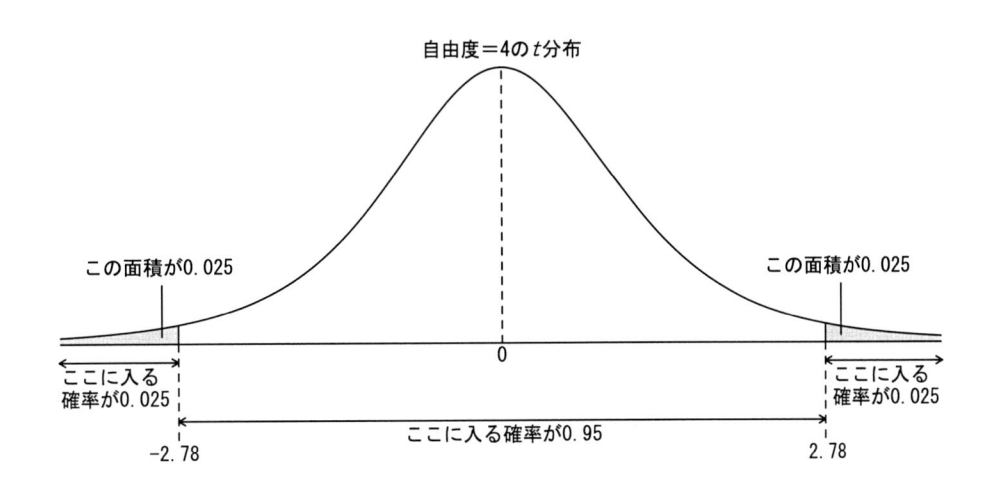

図 7.3: 自由度が 4 の t 分布における 2.78（厳密には $2.7764\ldots$）の意味（その 1）

これらはそれぞれ次のように言い換えることができる（図 7.4 参照）：
正規母集団から標本サイズが 5 の標本を無作為に何度も抽出して，その度に (7.1) 式の t 値を計算したら，

1. 100 回に 5 回の確率で，t 値が -2.78 より小さいか，2.78 より大きい．

2. 100 回に 95 回の確率で，t 値が $-2.78 \sim 2.78$ の範囲に入る．

この後の章で述べる母平均の区間推定や各種検定は，t 分布をはじめとする各種標本分布を利用している．

---

[1] t 分布表，F 分布表，χ^2 分布表は小数第 2 位までに丸めてある．t 分布表の $\nu = 4$, $P = 0.05$ の値は厳密には $2.7764\ldots$ である．

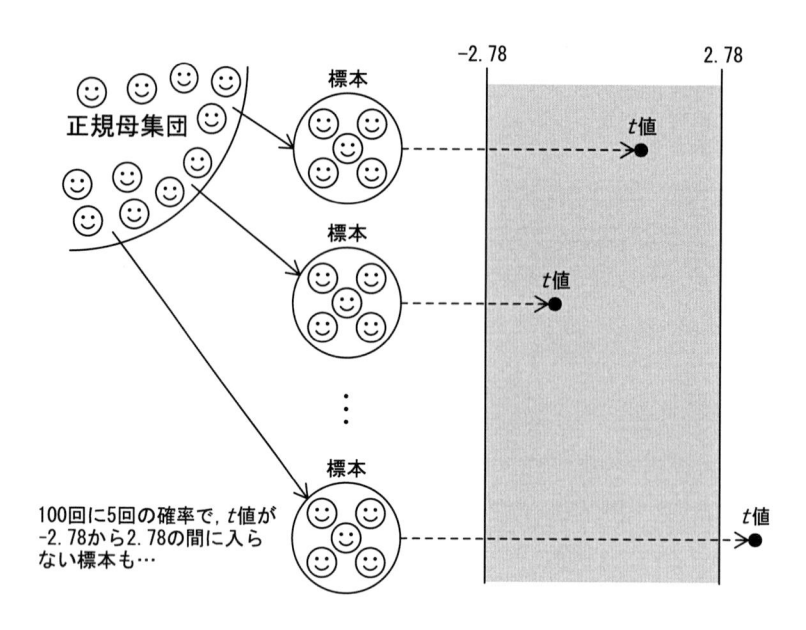

図 7.4: 自由度が 4 の t 分布における 2.78（厳密には 2.7764...）の意味（その 2）

演習問題 　 t 分布表（p.107）から数値を読み取って，以下の文章の空白を埋めよ．

1. 正規母集団から標本サイズが 15 の標本を無作為に抽出して（7.1）式の t 値を計算したら，1%の確率で，－_____より小さくなるか_____より大きくなる．

2. 自由度が 10 の t 分布において，t 値が －_____より小さいか_____より大きい確率は 0.01 である．

3. 自由度が 11 の t 分布において，t 値が －_____〜_____の範囲に入る確率は 0.95 である．

4. 自由度が 11 の t 分布において，t 値が _____より大きい確率は 0.05 である．

5. 自由度が 11 の t 分布において，t 値が －_____より小さい確率は 0.005 である．

7.3 t分布のシミュレーション

図7.4のようになるかどうかを，シミュレーションで確かめてみよう．Rの乱数発生機能を使って，正規母集団（母平均50，母分散100とする）から標本サイズが5の標本を無作為に10000回抽出するというシミュレーションを行い，抽出の度にt値を計算して，それが$-2.78 \sim 2.78$の範囲に入っていた割合を算出する．それが0.95に近いかどうか，確認してみよう．

```
s.sd     <- function(x){    # (標本)標準偏差の関数を定義
   sqrt(var(x)*(length(x)-1)/length(x))
}
nt       <- 10000  # 標本を抽出する回数
alpha    <-  0.05  # α
s.size   <-  5     # 標本サイズ
p.mean   <- 50     # 母平均
p.sd     <- 10     # 母標準偏差
Result <- matrix(c(0, alpha/2, 0, 1-alpha, 0, alpha/2), 2, 3)  # 出力用の行列
dimnames(Result) <- list(  # 出力用の行列のラベルを設定
   c("結果", "理論値"),
   c("-2.78未満", "-2.78以上2.78以下", "2.78より大")
)
t2.78 <- qt(df=s.size-1, p=1-alpha/2)   # t分布表の2.78のより正確な値
set.seed(0)  # 乱数の種を設定（下の出力と同じ結果をもたらす乱数を再現する場合）
for (i in seq(nt)) {  # { }内をnt回分繰り返す
   samp <- rnorm(n=s.size, mean=p.mean, sd=p.sd)  # 正規母集団から標本を抽出
   tv   <- (mean(samp) - p.mean) / (s.sd(samp)/sqrt(s.size-1))  # t値を計算
   if (tv < -t2.78)     Result[1,1] <- Result[1,1] + 1
   else {
      if (tv <= t2.78)  Result[1,2] <- Result[1,2] + 1
      else              Result[1,3] <- Result[1,3] + 1
   }
}
Result[1,] <- Result[1,] / nt
Result
```

スクリプト例

```
> Result
        -2.78未満  -2.78以上2.78以下  2.78より大
結果       0.0247            0.9505      0.0248
理論値     0.0250            0.9500      0.0250
```

出力

第8章 母平均の区間推定

8.1 考え方と計算手順

問題 次はある正規母集団から無作為に抽出された標本のデータである（架空）．このデータから母平均について，"この区間には入っているだろう"という区間を推定するにはどうすればよいか．

被験者	新田	河合	富川	生稲	我妻	標本平均	(標本) 標準偏差	標本サイズ
観測値	28	34	10	31	12			

これには，7章で述べた t 分布が利用できる．正規母集団から無作為に抽出された標本から計算される次の t 値

$$t = \frac{\text{標本平均} - \text{母平均}}{\frac{\text{(標本) 標準偏差}}{\sqrt{\text{標本サイズ} - 1}}}$$

が，自由度 = 標本サイズ − 1 の t 分布にしたがうことは7章で述べた．そこでは，この t 値が特定の範囲に入る確率が t 分布表（p.107）によってわかることも述べた．例えば，t 分布表から，標本サイズが5の場合，この t 値が −2.78 〜 2.78 の範囲に入る確率が 0.95 であることがわかる（2.78 は厳密には 2.7764...）．これは，正規母集団から標本サイズが5の標本を無作為に何度も抽出して，その度にこの t 値を計算したら，100回に95回の確率で t 値がこの範囲に入ることを意味する．これを式で表すと次のようになる：

$$P\left(-2.78 \leq \frac{\text{標本平均} - \text{母平均}}{\frac{\text{(標本) 標準偏差}}{\sqrt{5-1}}} \leq 2.78\right) = 0.95 \tag{8.1}$$

これを変形することで次の式が得られる：

$$P\left(\underbrace{\text{標本平均} - 2.78 \times \frac{\text{(標本) 標準偏差}}{\sqrt{5-1}}}_{\text{下限}} \leq \text{母平均} \leq \underbrace{\text{標本平均} + 2.78 \times \frac{\text{(標本) 標準偏差}}{\sqrt{5-1}}}_{\text{上限}}\right) = 0.95 \tag{8.2}$$

(8.2) 式は，正規母集団から標本サイズが5の標本を無作為に何度も抽出して，その度にこの下限〜上限の区間（これを **信頼区間** (confidence interval) という）を計算すると，100回に95回の確率で母平均がその区間に入っているということを意味する（図8.1参照）．逆にいえば，母平均がその区間に入らないことも100回に5回の確率で起こる．したがって区間推定には，手にした標本が運悪くその100回に5回のレアケースに当たってしまい，計算された信頼区間に実際には母平均が入っていないというリスクもはらんでいる．

問題のデータについて以下を計算せよ．

95%の信頼区間	下限		〜	上限	

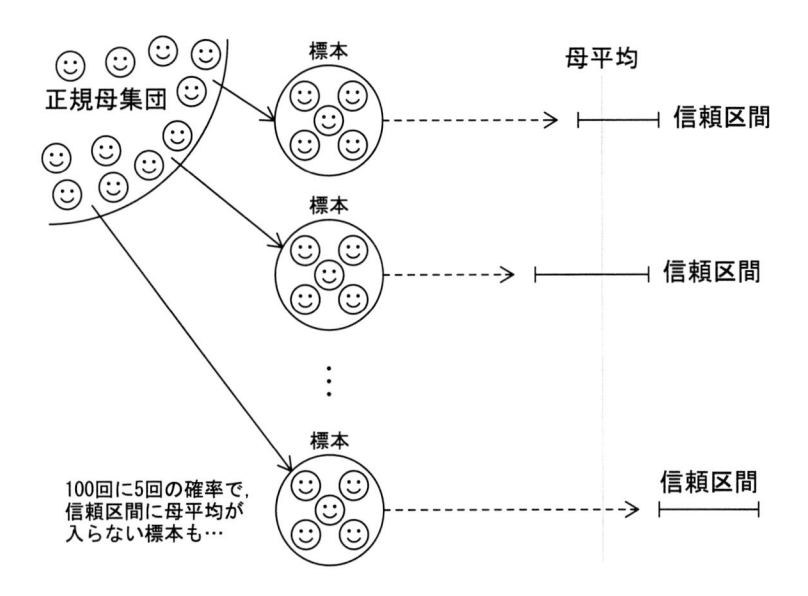

図 8.1: 区間推定の概念図（標本サイズ = 5 で $\alpha = 0.05$ の場合）

(8.2) 式は標本サイズが 5 で右辺が 0.95 というケースに限ったものであるが，これを一般的に書けば，

$$P\left(\text{標本平均} - t_\alpha \times \frac{\text{(標本) 標準偏差}}{\sqrt{\text{標本サイズ} - 1}} \leq \text{母平均} \leq \text{標本平均} + t_\alpha \times \frac{\text{(標本) 標準偏差}}{\sqrt{\text{標本サイズ} - 1}}\right) = 1 - \alpha \quad (8.3)$$

（下限）　　　　　　　　　　　　　　　　　　　　　　（上限）

となる．ここで，α は 0.05 や 0.01 など分析者が任意に決める値であり，$1-\alpha$ は **信頼度**（confidence coefficient）や **信頼率** と呼ばれる．t_α については，自由度が 標本サイズ -1 の t 分布において，この値より大きな t 値が得られる確率が $\alpha/2$ であることを示す．この t_α を得るには，t 分布表（p.107）において，$\nu =$ 標本サイズ -1，$P = \alpha$ に該当する値を読み取る．なお，信頼区間は，$100 \times (1-\alpha)\%$ 信頼区間とも呼ばれる．また，信頼区間に母平均が入っていないリスクを小さくしたければ，α を小さく設定すればよい．だが，そうすると t_α が大きくなり，その結果，信頼区間が広がることになる．

ここで述べた母平均の区間推定の方法は，母集団が正規分布にしたがうことが前提である．なお，母集団の分布がわからなくても，標本サイズが大きくて母分散がわかっていれば利用できる，標準正規分布を用いた方法もある．

演習問題　次の正規母集団からの無作為標本のデータ（架空）で，母平均の 99%信頼区間を求めよ．

被験者	高井	中島	岩井	白石	杉浦	標本平均	(標本) 標準偏差	標本サイズ
観測値	24	11	33	47	35			

t_α ☐　　　　99%信頼区間　下限 ☐　～　上限 ☐

8.2 区間推定のシミュレーション

図 8.1 のようになるかどうかを，シミュレーションで確かめてみよう．R の乱数発生機能を使って，正規母集団（母平均 50，母分散 100 とする）から標本サイズが 5 の標本を無作為に 10000 回抽出するというシミュレーションを行い，抽出の度に (8.2) 式により信頼区間を計算して，その区間にちゃんと母平均の 50 が入っていた割合を算出する．それが 0.95 に近いかどうか確認してみよう．

```r
s.sd     <- function(x){  # (標本)標準偏差の関数を定義
   sqrt(var(x)*(length(x)-1)/length(x))
}
nt       <- 10000   # 標本を抽出する回数
alpha    <- 0.05    # α
s.size   <- 5       # 標本サイズ
p.mean   <- 50      # 母平均
p.sd     <- 10      # 母標準偏差
n.suc    <- 0       # 成功数
t        <- qt(df=s.size-1, p=1-alpha/2)  # 信頼区間の計算時に必要なt_α
set.seed(1)         # 乱数の種を設定（下の出力と同じ結果をもたらす乱数を再現する場合）
for (i in seq(nt)) {  # { }内のことをnt回分繰り返す
   samp   <- rnorm(n=s.size, mean=p.mean, sd=p.sd)  # 正規母集団から標本を抽出
   s.mean <- mean(samp)                             # 標本平均
   interv <- t * s.sd(samp) / sqrt(s.size-1)        # 信頼区間の幅の半分
   lower  <- s.mean - interv                        # 信頼区間の下限
   upper  <- s.mean + interv                        # 信頼区間の上限
   if (lower <= p.mean && p.mean <= upper) n.suc <- n.suc + 1  # 成功ならカウント
}
n.suc / nt   # 区間推定が成功した割合
```

スクリプト例

```
> n.suc / nt   # 区間推定が成功した割合
[1] 0.9539
```

出力

8.3 Excelによる方法

Excel を使って母平均の区間推定を行うには，分析ツールの「基本統計量」機能が利用できる．

8.4 Rによる方法

```r
data8  <- c(10, 12, 28, 31, 34)   # データを入力
alpha  <- 0.05                    # αを指定
t.test(data8, conf.level=1-alpha)
```

スクリプト例

```
        One Sample t-test

data:  data8
t = 4.6, df = 4, p-value = 0.01003
alternative hypothesis: true mean is not equal to 0
95 percent confidence interval:
  9.117774 36.882226
sample estimates:
mean of x
       23
```

出力

第9章 母平均の差を調べる〜 t 検定

本章では，2つの母平均に差があるかどうかを調べる方法である **t 検定**（t-test）を見ていく．t 検定には何種類かあり，まず，データに対応があるかないかで異なる．男女で記憶力に差があるか調べたい場合や，あるトレーニングをした群としない群で体力に差があるか調べたい場合などは，**対応のないデータ**（unpaired data）になる．それに対し，各被験者に対してある映画を見せ，鑑賞前と鑑賞後にストレスの度合いを測定し，鑑賞前後で差があるか調べたい場合などは，**対応のあるデータ**（paired data）になる．

9.1 統計的仮説検定の考え方

まず，**統計的仮説検定**（statistical hypothesis testing）の基本的な考え方を理解しておこう．これがわかれば，これ以降に出てくる様々な検定が理解しやすい．まず，**帰無仮説**（null hypothesis）と，帰無仮説を**棄却**（reject）したときに**採択**（accept）するための**対立仮説**（alternative hypothesis）を立てる．そして，帰無仮説が正しいと仮定して話を進めていったら，滅多に起こらないことが今回起こっていたとする．そのときは前提の帰無仮説を否定するのが自然なので，帰無仮説を棄却して対立仮説を採択する．一方，今回起こったことが帰無仮説の下でも普通に起こる場合には，帰無仮説を棄却しない（図 9.1 参照）．

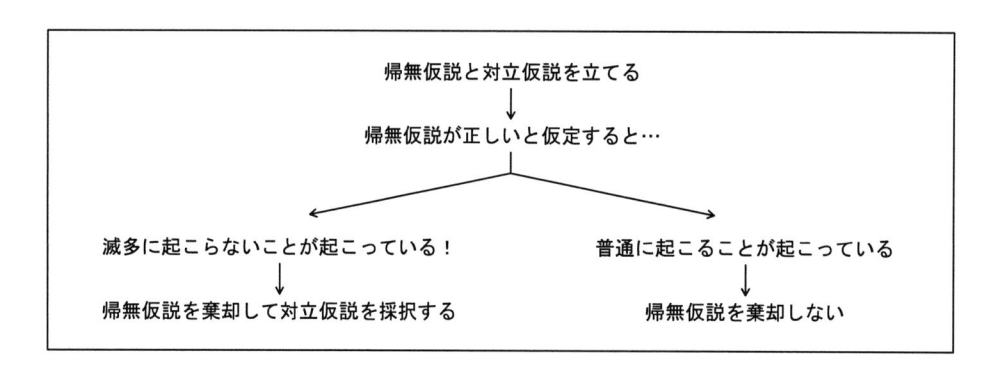

図 9.1: 統計的仮説検定の概要

9.2 データに対応がない場合の t 検定

問題 12名の被験者を無作為に2群に分けて別々の部屋に入れ，一方の群の部屋ではある御香を炊いた．そして両群に記憶テストをさせた（架空）．御香の有無で記憶テストの結果に差があるか調べたい．

御香群	被験者	新田	河合	富川	白石	我妻	名越	標本平均	不偏分散	標本サイズ
	観測値	70	60	40	42	72	40			
対照群	被験者	高井	中島	岩井	生稲	杉浦	山本	標本平均	不偏分散	標本サイズ
	観測値	19	31	33	12	42	43			

対応のないデータの場合，2つの異なる母集団からそれぞれ標本が得られていることになる．これ以降，便宜的に一方の標本を A，もう一方の標本を B と呼ぶことにする．ここでの帰無仮説は

$$H_0: \text{A の母平均} = \text{B の母平均} \tag{9.1}$$

となる．一方，対立仮説は，**両側検定**（two-sided test）（9.2.1節で詳述）を行うとすると，次のようになる：

$$H_1: \text{A の母平均} \neq \text{B の母平均} \tag{9.2}$$

では，帰無仮説が正しいという前提で話を進めていこう．まず，次の t 値を計算することを考える：

$$t = \frac{\text{A の標本平均} - \text{B の標本平均}}{\sqrt{\left(\frac{1}{\text{A の標本サイズ}} + \frac{1}{\text{B の標本サイズ}}\right) \times U}} \tag{9.3}$$

ここで，

$$U = \frac{(\text{A の標本サイズ} - 1) \times \text{A の不偏分散} + (\text{B の標本サイズ} - 1) \times \text{B の不偏分散}}{\text{A の標本サイズ} + \text{B の標本サイズ} - 2} \tag{9.4}$$

(9.3) 式より t 値は，A の標本平均 ＞ B の標本平均ならばプラス，A の標本平均 ＜ B の標本平均ならばマイナスになることがわかる．標本 A と標本 B が，それぞれ分散が等しい2つの正規母集団から無作為に抽出されたものであるとき（この条件については9.2.4節で触れる），この t 値は，帰無仮説が正しければ，

$$\text{自由度} = \text{A の標本サイズ} + \text{B の標本サイズ} - 2$$

の t 分布にしたがう．このとき，今回手にした標本から計算された t 値が，該当する自由度の t 分布上で滅多に起こらないような極端な値であれば，前提となっている帰無仮説を棄却した方が自然であろう．そこで，該当する自由度の t 分布上の，t 値が滅多に入らない極端なところに**棄却域**（critical region または rejection region）（図 9.2 参照）を設定し，そこに計算された t 値が入れば帰無仮説を棄却して対立仮説を採択する．

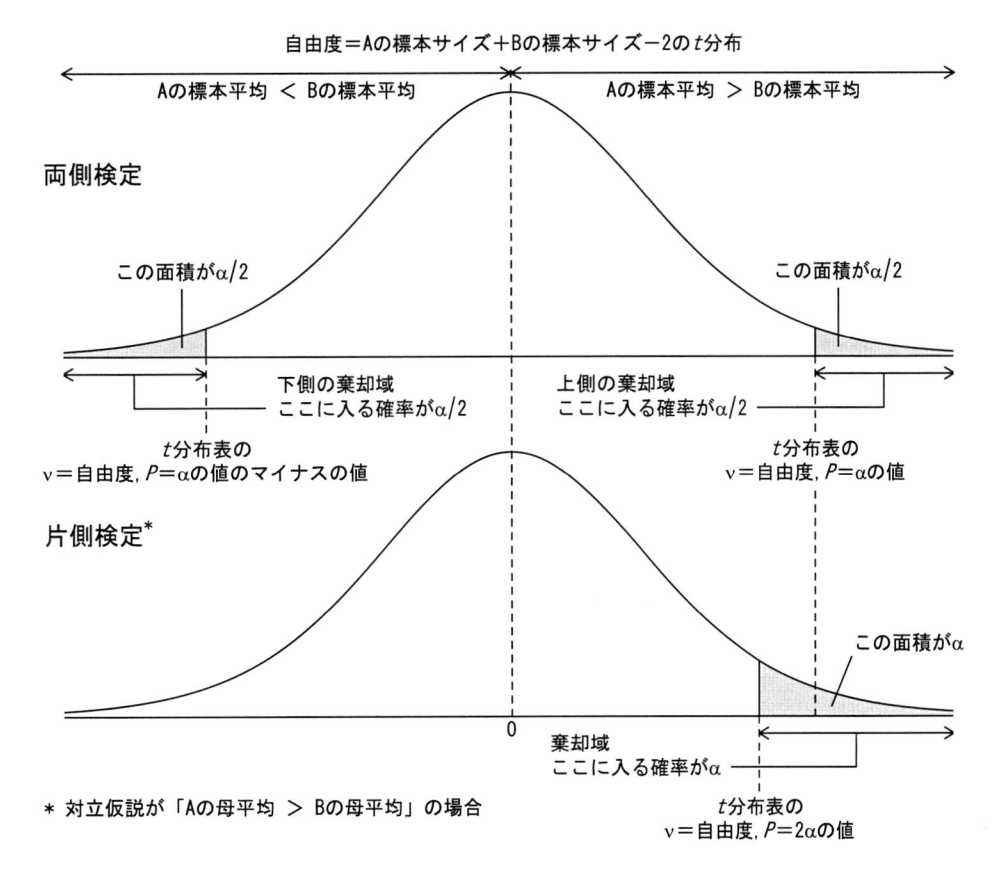

図 9.2: t 検定における両側検定と片側検定の棄却域

この"滅多に起こらなさ加減"は分析者が任意に決める．0.05（100回に5回）という基準がよく用いられる．この値はαで表され，**有意水準**（level of significance または significance level）や**危険率**と呼ばれる．なお，両側検定の場合は分布の両側にそれぞれ$\alpha/2$分の棄却域を，**片側検定**（one-sided test）の場合は分布の片側のみにα分の棄却域を設ける（図9.2及び9.2.1節参照）．t値がこの棄却域に入っているかどうかを調べるには，棄却域の境界値（**棄却限界値**（critical value）などとも呼ばれる）とt値を比較すればよい．この境界値を得るには，t分布表（p.107）の，$\nu=$自由度で，両側検定では$P=\alpha$，片側検定では$P=2\alpha$の値を読み取る．なお，t分布表から読み取ることができる値は分布の上側（図的には右側）の棄却域の境界値である．t分布は0を中心に左右対称であるので，分布の下側（図的には左側）の棄却域の境界値を得るにはt分布表から読み取った値にマイナスをつければよい．また，統計解析ソフトでは，p値（p-value）という値が出力され，それがαより小さければt値が棄却域に入っているとわかる．p値は，両側検定の場合，計算されたt値の絶対値より大きなt値が得られる確率の2倍である．

慣例的にはαについて，0.01，0.05，0.10など数段階考えることがある．0.01の棄却域に入っていれば1％水準で有意，0.05の棄却域に入っていれば5％水準で有意という．特に，ここで述べるt検定のように差について検定する場合は，"～％水準で有意差がある"などという．0.05の棄却域には入っていないが0.10の領域に入っている場合は有意傾向という．

問題のデータで両側検定のt検定を行い，t値，自由度，棄却域の境界値，結果を記せ．なお，αは0.05とする．

t値		自由度		棄却域の境界値	下側	上側	結果	・有意差あり　・有意差なし

9.2.1 両側検定と片側検定

上述したように，両側検定の場合は分布の両側にそれぞれ$\alpha/2$分の棄却域を設ける．これにより，t値がプラスの場合（Aの標本平均 ＞ Bの標本平均）と，マイナスの場合（Aの標本平均 ＜ Bの標本平均）のどちらにも対応できる．このとき，対立仮説は

$$H_1: \text{Aの母平均} \neq \text{Bの母平均}$$

となる．つまり，差の出る方向は決めておかないで，どちらの方向にせよ"差がある"かどうかを検討する．

一方，片側検定では分布の片側のみにα分の棄却域を設ける．このとき，対立仮説は，例えば

$$H_1: \text{Aの母平均} > \text{Bの母平均} \tag{9.5}$$

となる．片側検定は，例えば，新薬と既製薬の効果を比較する実験で，新薬群＞既製薬群かどうかのみに関心がある場合に用いられる．つまり，"差が出るならこの方向"とあらかじめ決めて臨むわけである．片側検定を行う際は，対立仮説の方向，t値の分子（(9.3)式においてどちらをA，どちらをBとするか），そして棄却域の位置に注意する．新薬の例の場合，対立仮説は「新薬群の母平均 ＞ 既製薬群の母平均」となるので，(9.3)式で分子を「新薬群の標本平均 − 既製薬群の標本平均」としてt値を計算すれば，それが該当するt分布の上側（図的には右側）に設けたα分の棄却域に入っているかどうかを調べる．

9.2.2 第一種の誤りと第二種の誤り

9.1 節で述べたように，統計的仮説検定では，帰無仮説が正しいとすると滅多に起こらないことが今回起こっていることになる場合，前提となる帰無仮説を棄却する．そして，この滅多に起こらなさ加減は有意水準や危険率と呼ばれ，α で表されて，0.05 がよく用いられる．さて，いま，t 値が $\alpha = 0.05$ の棄却域に入った，つまり帰無仮説の下で 100 回に 5 回の確率でしか起こらないことが今回起こっていることになるので，帰無仮説を棄却するとする．だが，実は今回が運悪くその 100 回に 5 回のレアケースだったという可能性もある．今回がそのケースだった場合，本当は帰無仮説が正しいのにそれを棄却するという誤りを犯してしまう．この誤りを **第一種の誤り** または **第一種の過誤**（error of the first kind または type I error）という．帰無仮説を棄却するという判断にはこの第一種の誤りを犯すリスクがあり，有意水準 α はその誤りを犯す確率を表す．

また，**第二種の誤り** または **第二種の過誤**（error of the second kind または type II error）というものもある．これは，本当は帰無仮説が間違っているのにそれを棄却しない誤りである．この誤りを犯す確率は β で表される．第一種の誤りと第二種の誤りにはトレード・オフの関係があり，第一種の誤りを犯す確率を小さくするために α を小さく設定すれば，第二種の誤りを犯す確率 β が大きくなる．なお，帰無仮説が間違っているときにそれをちゃんと棄却する確率 $1 - \beta$ は，**検定力** または **検出力**（power）と呼ばれる．表 9.1 に，検定の結果におけるタイプとそれらの確率を示す．

表 9.1: 検定の結果におけるタイプとそれらの確率

		検定の結果，帰無仮説を…	
		棄却しない	棄却する
本当は帰無仮説が…	正しい時に	正しい判断 確率 $= 1 - \alpha$	第一種の誤り 確率 $= \alpha$
	間違いの時に	第二種の誤り 確率 $= \beta$	正しい判断 確率 $= 1 - \beta$

9.2.3 効果量と検定力分析

実際の場面で，帰無仮説通り A と B の母平均が全く等しいということは考えにくく，ほんのわずかでも差があると考える方が自然であろう．実際にはこのようなわずかな差しかなくても，標本サイズが大きいと有意差ありと判断されやすくなる．このように統計的仮説検定では一般に，標本サイズが大きければ有意になりやすくなる（帰無仮説を棄却しやすくなる）．したがって，統計的に有意な差が出たと判断されても，その差が実際上で意味のある差であるとは限らない．

そこで，ここでは実際にどれほど差があるかを評価することを考えよう．なお，t 検定では差があるかどうかを調べるが，他にも関連があるかどうかを調べる検定もある（11 章及び 12 章参照）．どれほど差があるかやどれほど関連があるかを表す指標を **効果量**（effect size）という．なお，効果量には母集団のもの（**母効果量**）と，標本を使ってそれを推定したもの（**標本効果量**）があることに注意する．大久保・岡田（2012）は，心理学の分野において，統計的仮説検定の結果だけでなく，効果量やその信頼区間を示すことの重要性を説いている．

ここでは例として，帰無仮説と対立仮説をそれぞれ

$$H_0 : \text{A の母平均} = \text{B の母平均}$$
$$H_1 : \text{A の母平均} > \text{B の母平均}$$

とした片側検定の t 検定の場合で考えよう．ここで，対立仮説が正しいとしたら，母平均の差がどれほどか評価したいのだが，差そのものは単位に依存するので，それを母標準偏差で割った値，つまり標準偏差を単位とした差を評価したい．さらに，ここで説明した t 検定では 9.2.4 節で述べるように，A と B の母分散が等しいことを前提としているので，母標準偏差は共通のものを考える．つまり，ここでは次の指標

$$母効果量 = \frac{\text{A の母平均} - \text{B の母平均}}{\text{A と B に共通の母標準偏差}} \tag{9.6}$$

を考えよう．なお，(9.6) 式の効果量はあくまで母集団のものである．標本を使ってこれを推定する，つまり標本効果量を計算する方式の 1 つに，Hedges の g (Hedges' g)

$$\text{Hedges の } g = \frac{\text{A の標本平均} - \text{B の標本平均}}{\sqrt{U}} \tag{9.7}$$

がある．ここで，U は (9.4) 式による．

標本サイズ，α，母効果量，検定力のうち 3 つが決まれば，残りの 1 つが決まってくる．例えば，

1. 標本サイズが決まれば，帰無仮説の下で t 値がしたがう t 分布の自由度が決まり，t 分布の形が決まる．図 9.3 でいうと実線の山の形が決まる．

2. さらに α を決めれば，図中の斜線の面積が α になるような棄却域の境界値が決まる．

3. さらに母効果量が決まれば，対立仮説の下で t 値がしたがう分布の形（図中の破線の山の形）が決まる．この分布を **非心 t 分布**（non-central t-distribution）という．この分布の形は **非心パラメーター**（non-central parameter）と自由度で決まり，これらは (9.6) 式による母効果量と標本サイズがわかれば定まる．

4. 非心 t 分布が定まれば，β（図中のグレーの面積）が決まり，したがって検定力 $1 - \beta$（破線の山のグレー以外の面積）も決まる．

この関係を利用すれば，次のことが可能である：

1. **データをとる前に…** 検定力がある基準（例えば 0.8）になるように標本サイズを決めたいとする．α は実験者が決めるので，あとは母効果量を先行研究などの事前の情報により見積もったもので代用すれば，残りの標本サイズが決まる．

2. **データをとった後で…** データから計算された標本効果量，α，標本サイズの情報から検定力を推定することができる．

これらの手続きをそれぞれ，事前と事後の **検定力分析**（power analysis）という．

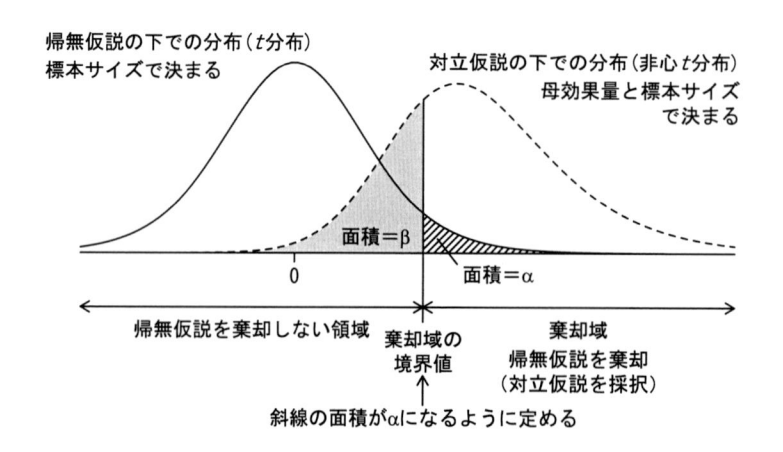

図 9.3: 片側検定の t 検定における標本サイズ，α，効果量，検定力の関係

演習問題 a　p.38 のデータで，Hedges の g を計算せよ（小数第 3 位を四捨五入して小数第 2 位まで求めよ）．

Hedges の g	

演習問題 b　12 名の被験者を無作為に 2 つの群に分け，一方の群にある記憶術を伝授した．その後，両群に記憶テストをした結果が下である（架空）．このデータに対し t 検定を両側検定で行え．ただし，α は 0.05 とする．なお，両群の母集団は正規分布にしたがい，両母集団の分散は等しいとする．

記憶術群	被験者	新田	河合	富川	白石	我妻	—	—	標本平均	不偏分散	標本サイズ
	観測値	56	42	27	38	42	—	—			
対照群	被験者	高井	中島	岩井	生稲	杉浦	山本	名越	標本平均	不偏分散	標本サイズ
	観測値	34	15	25	33	39	31	47			

t 値		自由度		棄却域の境界値	下側	上側	結果	・有意差あり　・有意差なし

9.2.4　データに対応がない場合の t 検定の前提

データに対応がない場合の t 検定の前提条件は，栗田（1996）にならって，次のように整理できる：

1. **正規性**　母集団は正規分布にしたがっている．
2. **等分散性**（homogeneity of variance）[1]　比較する母集団の分散（母分散）は等しい．
3. **観測値の独立性**（independence of observations）　標本は母集団から無作為に抽出されたものである．

2. の等分散性を調べるには，次節で述べる F 検定が利用できる．9.2.6 節では等分散性が満たされない場合の t 検定の方法を示す．

---
[1] 分散の等質性とも呼ばれる．

9.2.5 母分散が等しいかどうか調べる〜 F 検定

2つの標本 A, B の母分散が等しいかどうかを調べるとすると，F 検定（F-test）では，帰無仮説を

$$H_0 : \text{A の母分散} = \text{B の母分散} \tag{9.8}$$

とする．対立仮説は，ここでは差に方向性を考えないので

$$H_1 : \text{A の母分散} \neq \text{B の母分散} \tag{9.9}$$

である．したがって，両側検定を行うことになる．

2つの正規母集団からそれぞれ無作為に抽出された標本から計算される次の F 値

$$F = \frac{\text{A の不偏分散}}{\text{B の不偏分散}} \tag{9.10}$$

は，帰無仮説が正しければ F 分布（F-distribution）という分布にしたがう．F 分布は 2 つの自由度で決まり，この場合，

自由度1 ＝ F 値の計算で分子にした方の標本の標本サイズ − 1

自由度2 ＝ F 値の計算で分母にした方の標本の標本サイズ − 1

の F 分布にしたがう．そこで，今回計算した F 値が，該当する自由度の F 分布上で極端な値をとれば，帰無仮説を棄却する．そこで t 検定と同じように，α を決めて，F 分布上に α に対応する棄却域を設け，今回計算した F 値がそこに入れば帰無仮説を棄却する．そうでなければ帰無仮説を棄却せず，母分散が等しいとみなす．F 分布上の棄却域の境界値は F 分布表（pp.108-109）で読み取ることができる．ここで，注意すべき点が2つある．

1. F 分布表から読み取ることができる境界値は，分布の上側（図的には右側）に設けられた棄却域のものである（図 9.4 参照）．分布の下側の棄却域の境界値は表ではわからない．そのため，F 値が 1 以上になるように（分布の下側にはこないように）次のように計算し，上側の棄却域の境界値と比較する：

$$F = \frac{2 \text{つの不偏分散の大きい方}}{2 \text{つの不偏分散の小さい方}} \tag{9.11}$$

2. ここでは両側検定を行うことになる．F 分布表において，P に対応する値は，それより大きな F 値が得られる確率が P であることを意味する（t 分布表のように $P/2$ ではない！）．したがって，ここでは，$\nu_1 = $ 不偏分散が大きい方の標本の標本サイズ − 1, $\nu_2 = $ 不偏分散が小さい方の標本の標本サイズ − 1, $P = \alpha/2$ に該当する値を読み取る必要がある（図 9.4 参照）．

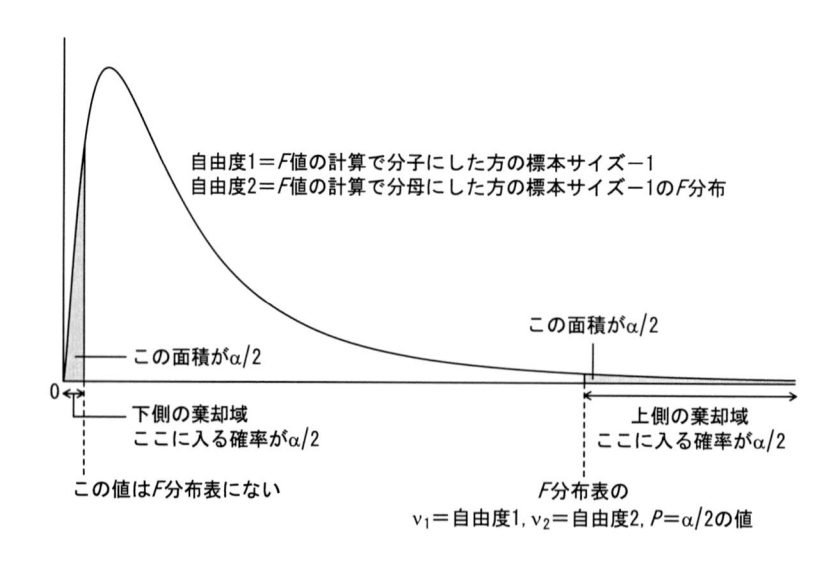

図 9.4: F 検定を両側検定で行う場合の棄却域

演習問題 c 　　p.38 のデータに対して F 検定を両側検定で行え．なお，α は 0.05 とする．

F 値		自由度	1	2	上側の棄却域の境界値		結果	・有意差あり　・有意差なし

演習問題 d 　　p.43 の演習問題 b のデータに対して F 検定を両側検定で行え．なお，α は 0.05 とする．

F 値		自由度	1	2	上側の棄却域の境界値		結果	・有意差あり　・有意差なし

9.2.6　等分散性が満たされない場合の t 検定

母分散が等しいと仮定できない場合の t 検定の方法として，ここではウェルチの t 検定（Welch's t-test）を紹介する．この方法は，t 値を

$$t' = \frac{\text{A の標本平均} - \text{B の標本平均}}{\sqrt{W_A + W_B}} \tag{9.12}$$

自由度を

$$\text{自由度} = \frac{(W_A + W_B)^2}{\frac{W_A^2}{\text{A の標本サイズ} - 1} + \frac{W_B^2}{\text{B の標本サイズ} - 1}} \tag{9.13}$$

として検定する．ここで，

$$W_A = \frac{\text{A の不偏分散}}{\text{A の標本サイズ}}, \qquad W_B = \frac{\text{B の不偏分散}}{\text{B の標本サイズ}}$$

9.3 データに対応がある場合の t 検定

問題 5名の被験者にストレスを軽減する訓練を受けてもらい，その前と後にストレスの程度を測定する尺度に答えてもらった（架空）．訓練の前と後でストレスの得点に変化があったか調べたい．

ここでは，データに対応がある場合について考える．この場合，対応づけられた観測値の各ペアについて "差" を計算し，今後はこの "差のデータ" について考える．では今回の問題で，訓練前から訓練後を引いたデータと，その標本平均，標本分散を求めておこう．

被験者	新田	河合	富川	城之内	我妻	標本平均		
訓練前	52	77	51	45	65			
訓練後	31	40	37	32	10		標本分散	標本サイズ
差								

差のデータに注目すれば，条件間に差があるかどうかは，「差のデータの母平均が 0 かどうか」ということになる．つまり，このときの帰無仮説は

$$H_0 : \text{差のデータの母平均} = 0 \tag{9.14}$$

となる．対立仮説は，両側検定の場合，

$$H_1 : \text{差のデータの母平均} \neq 0 \tag{9.15}$$

となる．差のデータの母集団が正規分布にしたがい，帰無仮説が正しいとき，次の t 値

$$t = \frac{\text{差のデータの標本平均}}{\sqrt{\frac{\text{差のデータの標本分散}}{\text{標本サイズ} - 1}}} \tag{9.16}$$

は，自由度が

$$\text{自由度} = \text{標本サイズ} - 1$$

の t 分布にしたがう．あとはこれまでと同様に棄却域の境界値を t 分布表（p.107）から読み取り，計算された t 値と比較する．なお，t 分布表から読み取ることができる境界値は分布の上側（図的には右側）の棄却域のものである．t 分布は 0 を中心に左右対称なので，分布の下側（図的には左側）の棄却域の境界値は，t 分布表から読み取った値にマイナスをつけた値である．

問題のデータに対して t 検定を両側検定で行い，t 値，自由度，棄却域の境界値，結果を記せ．なお，$\alpha = 0.05$ とする．

t 値		自由度		棄却域の境界値	下側	上側	結果	・有意差あり	・有意差なし

演習問題　5名の被験者にある映画を鑑賞させ，その前後で攻撃性を測定する尺度に答えさせた（架空）．このデータに対して対応のある場合の t 検定を両側検定で行って，映画鑑賞の前後で攻撃性の得点に変化があったか調べよ．なお，α は 0.05 とする．

被験者	高井	中島	岩井	生稲	杉浦	標本平均		
鑑賞前	20	32	44	45	14			
鑑賞後	11	41	17	10	31		標本分散	標本サイズ
差								

t 値		自由度		棄却域の境界値	下側	上側	結果	・有意差あり　・有意差なし

9.4　Excelによる方法

Excelを使って t 検定や F 検定を実施するには，次の機能が利用できる．

- 「データ分析」の「t検定」
    - t検定: 等分散を仮定した2標本による検定　　　　対応がない場合の通常の t 検定を実行
    - t検定: 分散が等しくないと仮定した2標本による検定　ウェルチの t 検定を実行
    - t検定: 一対の標本による平均の検定　　　　　　対応がある場合の t 検定を実行

- 「データ分析」の「F検定: 2標本を使った分散の検定」機能　F 検定を実行

- T.TEST　　各種 t 検定の結果（p 値）を返す関数

- F.TEST　　F 検定（両側検定）の結果（p 値）を返す関数

9.5 Rによる方法

9.5.1 データに対応がない場合で等分散性を仮定したt検定

```
    ince <- c(70, 60, 40, 42, 72, 40)   # 御香群のデータ
    ctrl <- c(19, 31, 33, 12, 42, 43)   # 対照群のデータ
    # 対立仮説を定義；両側検定:"two.sided"，片側検定:"less"または"greater"
    H1   <- "two.sided"
    t.test(ince, ctrl, al=H1, var.equal=T)   # 等分散性を仮定したt検定を実行
```

スクリプト例

```
        Two Sample t-test

data:  ince and ctrl
t = 3, df = 10, p-value = 0.01334
alternative hypothesis: true difference in means is not equal to 0
95 percent confidence interval:
  6.174889 41.825111
sample estimates:
mean of x mean of y
       54        30
```

出力

9.5.2 F検定

```
    ince <- c(70, 60, 40, 42, 72, 40)   # 御香群のデータ
    ctrl <- c(19, 31, 33, 12, 42, 43)   # 対照群のデータ
    # 対立仮説を定義；両側検定:"two.sided"，片側検定:"less"または"greater"
    H1   <- "two.sided"
    var.test(ince, ctrl, al=H1)          # F検定を実行
```

スクリプト例

```
        F test to compare two variances

data:  ince and ctrl
F = 1.5, num df = 5, denom df = 5, p-value = 0.6672
alternative hypothesis: true ratio of variances is not equal to 1
95 percent confidence interval:
  0.2098964 10.7195727
sample estimates:
ratio of variances
               1.5
```

出力

9.5.3 ウェルチの t 検定

```
dataA <- c(17, 13, 14, 14, 17, 15)  # サンプルデータA
dataB <- c(50, 33, 29, 19, 33, 16)  # サンプルデータB
# 対立仮説を定義；両側検定:"two.sided"，片側検定:"less"または"greater"
H1 <- "two.sided"
t.test(dataA, dataB, al=H1, va.equal=F)  # ウェルチのt検定を実行
```

スクリプト例

```
        Welch Two Sample t-test

data:  dataA and dataB
t = -3, df = 5.19, p-value = 0.02872
alternative hypothesis: true difference in means is not equal to 0
95 percent confidence interval:
 -27.712561  -2.287439
sample estimates:
mean of x mean of y
       15        30
```

出力

9.5.4 データに対応がある場合の t 検定

```
pre  <- c(20, 32, 44, 45, 14)  # 鑑賞前のデータ
post <- c(11, 41, 17, 10, 31)  # 鑑賞後のデータ
# 対立仮説を定義，両側検定:"two.sided"，片側検定:"less"または"greater"
H1   <- "two.sided"
t.test(pre, post, al=H1, paired=T)  # データに対応がある場合のt検定を実行
```

スクリプト例

```
        Paired t-test

data:  pre and post
t = 0.9, df = 4, p-value = 0.419
alternative hypothesis: true difference in means is not equal to 0
95 percent confidence interval:
 -18.76445  36.76445
sample estimates:
mean of the differences
                      9
```

出力

第10章 実験計画と分散分析

9章で取り上げたt検定は，2つの条件間の差を調べるものであった．では，3条件以上の間の差を調べたい場合はどうか．**分散分析**（analysis of variance（ANOVA））という方法は，この場合にも利用することができる．この分散分析には様々なパターンがあり，それは端的にはデータのとり方に対応している．データのとり方は実験の計画段階で決まっていることであり，分散分析は**実験計画法**（experimental design）と密接に関わっている．この章では，単純な実験計画のパターンとそれらに対応する分散分析の手法を見ていく．

10.1 独立変数と従属変数

実験を計画する場合，まず，**独立変数**（independent variable）と**従属変数**（dependent variable）が何かを確認しておく必要がある．実験では，独立変数を変化させた結果，従属変数がどう変化するかという枠組みで考える．したがって，独立変数が原因，従属変数が結果とみなすことができる．ただし，厳密に因果関係を確かめるには周到な実験計画が必要である．

10.2 要因と水準

独立変数は**要因**または**因子**（factor）とも呼ばれる．実験を計画する際は，各要因について**水準**（level）を確認する．例えば，10.3.1節で取り上げる実験では，従属変数が単調作業の成績，要因が部屋の色，水準が白，赤，青，緑の4つである．なお，要因は1つでなくともよい．例えば，部屋の色が単調作業の成績に与える効果が部屋の温度によって異なることが考えられる場合，部屋の色と部屋の温度という2つの要因を取り上げる必要があるだろう．次節からは要因が1つの場合について考える．そして10.4節では要因が2つある場合を考える．

10.3 一要因計画

ここでは要因が1つの場合を考える．要因が1つの実験で得られたデータに対する分散分析は，**一元配置分散分析**（one-way ANOVA）と呼ばれる．これより，データのとり方によって被験者間計画と被験者内計画に分けて説明する．これらは分散分析のやり方が異なる．

10.3.1 被験者間計画

被験者間計画（between-subjects design）では，各被験者はいずれか1つの水準にのみ割り当てられて実験が行われる．ここでは水準ごとの被験者数が同じ場合に話を絞り，次の問題を例に基本的な考え方を説明する．

問題 24名の被験者を無作為に4つの群（白群，赤群，青群，緑群）に分け，それぞれの色の部屋で単調作業をさせた結果が次である（架空）．部屋の色が単調作業の成績に影響するか調べたい．

白群		赤群		青群		緑群	
被験者	観測値	被験者	観測値	被験者	観測値	被験者	観測値
新田	3	高井	6	吉沢	7	工藤	4
中島	7	城之内	3	横田	11	生稲	6
名越	5	岩井	1	渡辺	8	斉藤	8
福永	8	白石	7	三上	6	吉田	7
河合	9	林	2	矢島	10	山本	2
富川	4	三田	5	我妻	12	杉浦	3
平均		平均		平均		平均	

全体の平均

この問題の実験計画は1要因4水準である．今回の場合の帰無仮説は，

$$H_0: \text{白群の母平均} = \text{赤群の母平均} = \text{青群の母平均} = \text{緑群の母平均} \tag{10.1}$$

となる．対立仮説は，「4群の母平均の間の少なくともどこかに差がある」となる．

まず，各被験者の観測値がデータ全体の平均からどれだけズレているかについて考えよう．例えば，青群に割り当てられた我妻さんの観測値と全体の平均との差は，

我妻の観測値 − 全体の平均 = **青群の平均 − 全体の平均** + ▋我妻の観測値 − 青群の平均▋ (10.2)

と分解できる．この式の右辺は，それぞれ以下のことを表している（図10.1も参照）：

1. **青群の平均 − 全体の平均**　　　我妻さんが青群に割り当てられたことによる効果

2. ▋我妻の観測値 − 青群の平均▋　　その他の要因（誤差）によるもの

1.は，我妻さんが青群に割り当てられたことによる効果を表している．青群の平均は全体の平均より高いので，この効果により高い方へ押し出されていることがわかる．また，これは青群の被験者全員に共通する効果である．なお，赤群のように低い方へ押し出される場合もある．一方，2.はその他の要因（誤差）によるものである．これは被験者毎に異なる．我妻さんは誤差によって高い方へ押し出されたが，吉沢さんのように低い方へ押し出される場合もある．

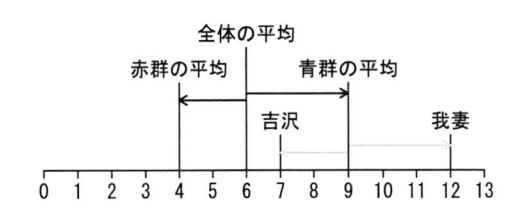

図10.1: 分散分析の考え方

(10.2) 式の左辺を2乗して被験者分合計し，整理すると次のようになる：

(観測値−全体の平均)² = {(群の平均−全体の平均)² × 群の人数} + ▋(観測値−その人の群の平均)²▋
の被験者分の合計　　　　　　　の群分の合計　　　　　　　　　　　　　　　　　　　▋の被験者分の合計▋
【データ全体のバラツキ】　　　【効果によるバラツキ】（群間のバラツキ）　　　　　【誤差によるバラツキ】（群内のバラツキ）

これより，データ全体のバラツキは，効果によるバラツキ（太字の部分）と誤差によるバラツキ（白抜きの部分）に分解できる．これらは，それぞれ群間と群内のバラツキともいえる．分散分析では，誤差によるバラツキに対して効果によるバラツキがどれだけ大きいかという視点から，設定した群に分けたことの効果（今回の問題の場合，部屋の色の効果）があったかどうかを調べる．具体的な計算手順は次の通りである：

1. （部屋の色の）効果について計算する．
    1.1. データ全体の平均と各群の平均を求める．
    1.2. 各群について，（群の平均 − 全体の平均）の2乗 × 群の人数 を計算する．
    1.3. 1.2. の結果を合計する．これを（効果の）**平方和**（sum of squares）という．
    1.4. 自由度を計算する． （効果の）自由度 = 水準数 − 1
    1.5. 平方和を自由度で割る．これを（効果の）**平均平方**（mean squares）という．
2. 誤差について計算する．
    2.1. 各被験者について，（観測値 − その人の群の平均）の2乗 を計算する．
    2.2. 2.1. の結果を合計する．これを（誤差の）**平方和**という．
    2.3. 自由度を計算する． （誤差の）自由度 = 被験者の総数 − 水準数
    2.4. 平方和を自由度で割る．これを（誤差の）**平均平方**という．
3. 次式により F 値を計算する：

$$F = \frac{\text{効果の平均平方}}{\text{誤差の平均平方}} \tag{10.3}$$

全体の平均	観測値				（観測値 − 群の平均）の2乗			
	白群	赤群	青群	緑群	白群	赤群	青群	緑群
	3	6	7	4				
	7	3	11	6				
	5	1	8	8				
	8	7	6	7				
	9	2	10	2				
	4	5	12	3				
群の平均								
（群の平均 − 全体の平均）の2乗 × 群の人数					↑の合計 誤差の平方和			
↑の合計 部屋の色の効果の平方和								

上記の結果を表 10.1 のように整理したものを，**分散分析表**（ANOVA table）という．

表 10.1: 分散分析表

変動要因	平方和	自由度	平均平方	F 値
部屋の色の効果				
誤差				—
合計			—	—

(10.3) 式で求められる F 値は，p.54 で述べる仮定の下で，帰無仮説が正しいとき，

自由度1 = 効果の自由度

自由度2 = 誤差の自由度

の F 分布にしたがう．そこで，α を決め，該当する自由度の F 分布上に α に対応する棄却域を設け，計算された F 値がそこに入れば，帰無仮説を棄却して実験に取り上げた効果が有意とする．なお，ここでは効果が誤差に対してどれだけ大きいか，つまり F 値がどれだけ大きいかにのみ関心があるので，F 分布の上側（図的には右側）にのみ α 分の棄却域を設ける．F 分布表（pp.108-109）の $\nu_1 =$ 効果の自由度，$\nu_2 =$ 誤差の自由度，$P = \alpha$ に該当する値がその棄却域の境界値であり，それと F 値を比較する（図 10.2 参照）．

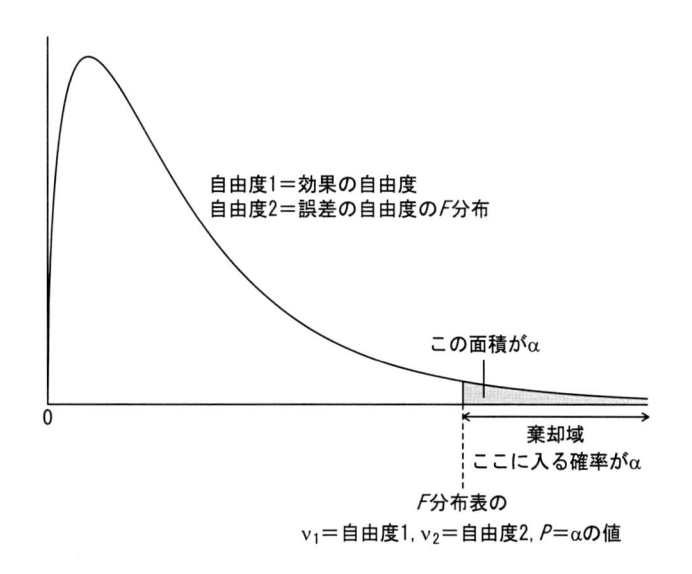

図 10.2: 分散分析における棄却域

今回の問題の F 値，自由度，棄却域の境界値，結果を記せ．なお，α は 0.05 とする．

| F 値 | | 自由度 | 1 | 2 | 棄却域の境界値 | | 結果 | ・有意 | ・有意でない |

効果（今回の場合は部屋の色の効果）が有意であれば，水準間の少なくともどこかに差があるということになるが，どこに差があるのか詳しく調べたい場合には，**多重比較**（multiple comparison）を行う．多重比較には，テューキーの HSD 検定（Tukey's honestly significant difference test）やボンフェローニ法（Bonferroni's method）など，いくつかの方法がある．

ここで示した分散分析を R で実行するスクリプト例を図 10.3 に，その出力を図 10.4 に示す．

```
white    <- c(3, 7, 5, 8, 9, 4)      # 白群のデータ
red      <- c(6, 3, 1, 7, 2, 5)      # 赤群のデータ
blue     <- c(7, 11, 8, 6, 10, 12)   # 青群のデータ
green    <- c(4, 6, 8, 7, 2, 3)      # 緑群のデータ
data10.3.1 <- data.frame(            # データフレームを作成
    部屋の色 = factor(c(rep("白",6), rep("赤",6), rep("青",6), rep("緑",6))), # 独立変数
    観測値   = c(white, red, blue, green)                                    # 従属変数
)
summary(aov(観測値~部屋の色, data=data10.3.1))  # 分散分析を実行して結果の要約を表示
```

図 10.3: R による一元配置分散分析のスクリプト例

10.3 一要因計画 53

```
              Df Sum Sq Mean Sq F value  Pr(>F)
部屋の色        3    84    28.0       5 0.00951 **
Residuals     20   112     5.6
---
Signif. codes:  0 '***' 0.001 '**' 0.01 '*' 0.05 '.' 0.1 ' ' 1
```

図 10.4: R による一元配置分散分析の出力

分散分析では，各群の観測値の母集団は正規分布にしたがい（正規性），各群の母集団の分散（母分散）は等しい（等分散性）と仮定される．ただし，各群の被験者数が十分に多い場合（等分散性については，加えて各群の被験者数が等しい場合）はこれらに対して **頑健性**（robustness）がある（仮定が多少くずれていても結果に大きな影響がない）といわれている（山内（1997, pp.139-140）に詳しい）．分散分析ではさらに，各観測値は相互に独立であると仮定される（観測値の独立性）．

演習問題　18名の被験者を無作為に3つの群に分けた．無音群は音がない中で，ロック群はロック音楽が流れる中で，クラシック群はクラシック音楽が流れる中で，それぞれ計算課題をさせた（架空）．このデータで分散分析を行え．なお，α は 0.05 とする．

無音群		ロック群		クラシック群	
被験者	観測値	被験者	観測値	被験者	観測値
新田	25	高井	32	吉沢	31
中島	45	城之内	12	横田	44
名越	44	岩井	31	渡辺	29
福永	10	白石	43	三上	45
河合	41	林	26	矢島	48
富川	15	三田	12	山本	43
平均		平均		平均	

全体の平均

分散分析表

変動要因	平方和	自由度	平均平方	F 値
音楽の効果				
誤差				—
合計			—	—

棄却域の境界値	

結果	・有意
	・有意でない

10.3.2 被験者内計画

被験者内計画（within-subjects design）では，各被験者はすべての水準について測定される．例えば次のような問題の場合である．

問題　5名の被験者に対して，矢羽根の角度を30°，45°，60°に変化させたミュラー・リヤー錯視（図10.5）の各錯視量を測定した（架空，試行順序は無作為）．角度によって錯視量に差があるか調べたい．

被験者	30°	45°	60°
新田	7	4	3
河合	5	2	4
富川	5	5	3
城之内	7	4	2
我妻	6	5	3
平均			

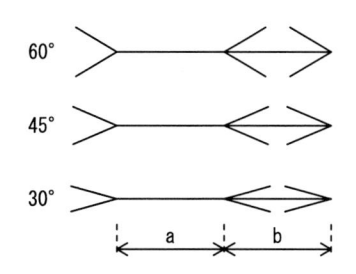

図 10.5: ミュラー・リヤー錯視の図形
（a と b の長さは同じである）

被験者内計画の実験で得られたデータに対する分散分析は，**反復測定分散分析**（repeated measures ANOVA）と呼ばれる．問題のデータに反復測定分散分析を実行する R のスクリプト例を図 10.6 に，その出力を図 10.7 に示す．この出力の分散分析表からわかるように，反復測定分散分析では被験者の個人差の要因もデータの変動要因に含める．ここではこの要因には注目せず，角度の効果にのみ注目する．ただし，水準数が 3 以上の場合で反復測定分散分析を行う際は，次に述べる球面性仮定の検討が必要で，その結果によっては分散分析の方法を補正しなければならない．

```
d30       <- c(7, 5, 5, 7, 6) # 30°のデータ
d45       <- c(4, 2, 5, 4, 5) # 45°のデータ
d60       <- c(3, 4, 3, 2, 3) # 60°のデータ
data10.3.2 <- data.frame(         # データフレームを作成
   角度   = factor(c(rep("30°",5), rep("45°",5), rep("60°",5))),  # 独立変数
   被験者 = factor(rep(1:5, 3)), # 被験者番号
   観測値 = c(d30, d45, d60)    # 従属変数
)
summary(aov(観測値~角度+被験者, data=data10.3.2)) # 分散分析を実行し結果を表示
```

図 10.6: R による反復測定分散分析のスクリプト例

```
            Df Sum Sq Mean Sq F value Pr(>F)
角度         2  23.33   11.67   9.333 0.0081 **
被験者       4   2.00    0.50   0.400 0.8038
Residuals    8  10.00    1.25
---
Signif. codes:  0 '***' 0.001 '**' 0.01 '*' 0.05 '.' 0.1 ' ' 1
```

図 10.7: R による反復測定分散分析の出力

球面性仮定の検討

反復測定分散分析では，水準数が3以上の場合，**球面性仮定**（sphericity assumption）というものが成り立っていないと，F値の分布が歪んでしまう．そのため，対処法の1つとして，モクリーの球面性検定（Mauchley's test of sphericity）を行い，そこで帰無仮説が棄却されなければそのまま，帰無仮説が棄却されれば，ϵ（ギリシア文字で"イプシロン"と読む）という値によって自由度を修正する．このϵには，Greenhouse-Geisserの方式（G-G epsilon）やHuynh-Feldtの方式（H-F epsilon）がある．なお，このあたりの議論については，例えば千野（2003）に詳しい．

統計解析ソフトのSASやSPSSでは，モクリーの球面性検定や自由度の修正を行った結果も出力してくれる．Rでは，組み込み関数にはこれらを出力する機能がないが，それ以外でも独自に作成された関数やパッケージがWeb上に公開されているので，自分で探してみるとよい．

10.4 二要因計画

要因が2つある実験で得られたデータに対する分散分析は**二元配置分散分析**（two-way ANOVA）と呼ばれる．要因が2つある場合の実験計画には，次の3通りの組み合わせがある：

1. 両方の要因が被験者間計画の場合
2. 両方の要因が被験者内計画の場合
3. 一方の要因が被験者間計画で，もう一方の要因が被験者内計画の場合

2.と3.の場合にはやはり，F値の分布の歪みの議論が伴う．本節では，1.の場合の事例を通して，二元配置分散分析を説明する．

問題 20名の被験者を無作為に4つの群（呼吸法無・アロマ無群，呼吸法無・アロマ有群，呼吸法有・アロマ無群，呼吸法有・アロマ有群）に分けた．呼吸法有条件ではある呼吸法を実施し（呼吸法無条件では安静にさせ），アロマ有条件ではその間あるアロマをたく（アロマ無条件ではたかない）という処置を施した後，リラックス度を測る尺度に答えさせた．呼吸法とアロマがリラックス度に与える効果を調べたい．

	呼吸法無	呼吸法有
アロマ無	アロマをたかず，安静にさせる	アロマをたかず，呼吸法を実施
アロマ有	アロマをたいて，安静にさせる	アロマをたいて，呼吸法を実施

今回は，2 (呼吸法の水準数) × 2 (アロマの水準数) の実験計画になる．今回の結果（架空）を下に示す．図10.8は，各群の平均と(不偏)標準偏差をエラーバー付の折れ線グラフで示したものである．

呼吸法無				呼吸法有			
アロマ無		アロマ有		アロマ無		アロマ有	
被験者	観測値	被験者	観測値	被験者	観測値	被験者	観測値
新田	16	中島	16	名越	43	福永	47
河合	30	富川	24	高井	29	城之内	51
岩井	24	白石	15	林	20	三田	71
吉沢	8	横田	38	渡辺	37	工藤	57
三上	7	生稲	32	斉藤	21	我妻	74
平均		平均		平均		平均	

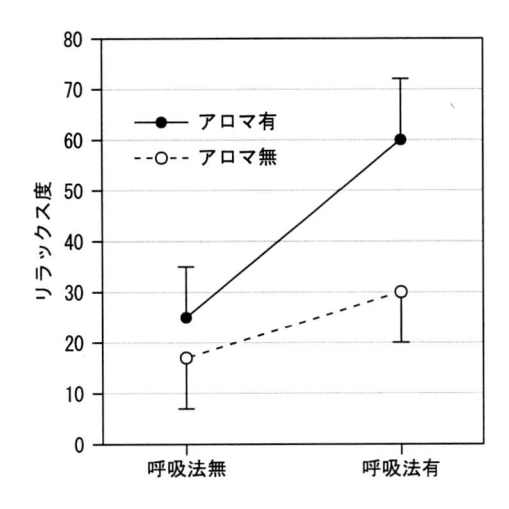

図 10.8: 呼吸法とアロマの実験（架空）における各群のリラックス度の平均及び標準偏差

図 10.9 に今回の二元配置分散分析を R で行うためのスクリプト例，図 10.10 にその出力を示す．図 10.10 中に示した分散分析表の"呼吸法"，"アロマ"，"呼吸法:アロマ"は，それぞれ次の効果を示す：

- 呼吸法
  呼吸法の **主効果**（main effect）
  アロマの有無を考慮しない呼吸法単独の効果．今回は 0.1%水準で有意．

- アロマ
  アロマの **主効果**
  呼吸法の有無を考慮しないアロマ単独の効果．今回は 0.1%水準で有意．

- 呼吸法:アロマ
  呼吸法とアロマの **交互作用**（interaction）
  一方の要因の効果の出方がもう一方の要因の水準によって変わるという効果．今回は 5%水準で有意．

　図 10.8 より，アロマ有条件では呼吸法無に比べて呼吸法有はかなり高いが，アロマ無条件ではそれらにアロマ有条件ほどの差はないことがわかる．これより，アロマの有無によって呼吸法の効果の出方が異なることがわかる．この図のように交互作用は，単純にいえば，折れ線グラフが平行にならないということを表す．もし，アロマ無条件でも呼吸法の効果の出方がアロマ有条件と同じくらいで，アロマ有条件と同様の勾配の右上がりの線になったら，アロマの有無に関わらず呼吸法有が呼吸法無よりもかなり高くなり，交互作用は有意でなくなるだろう．

　交互作用が有意であれば，呼吸法の効果の出方がアロマの有無によって異なる（見方を変えれば，アロマの効果の出方が呼吸法の有無によって異なる）ので，（アロマの有無を考慮しない）呼吸法の主効果や，（呼吸法の有無を考慮しない）アロマの主効果については関心がないだろう．したがって，交互作用が有意であれば多くの場合，主効果の結果を解釈することはない．

　交互作用が有意であった場合にその効果を詳細に調べる方法の 1 つに，**単純主効果**（simple main effect）の検定がある．これは，一方の要因の水準を固定したときに他方の要因の効果があるかを調べるものである．今回の問題では，アロマの水準を固定して，アロマ無で呼吸法無と呼吸法有に差があるか，アロマ有で呼吸法無と呼吸法有に差があるかという検定と，呼吸法の水準を固定して，呼吸法無でアロマ無とアロマ有に差があるか，呼吸法有でアロマ無とアロマ有に差があるかという検定の 2 通りある．

　なお，交互作用の下位検定としては，他にも **処理－対比交互作用**（treatment-contrast interaction）及び **対比－対比交互作用**（contrast-contrast interaction）の検定がある．Kirk (1995, pp.377-389) は，これら 2 つの検定の有用性について指摘している．

```
b0a0     <- c(16, 30, 24,  8,  7)  # 呼吸法無・アロマ無群のデータ
b0a1     <- c(16, 24, 15, 38, 32)  # 呼吸法無・アロマ有群のデータ
b1a0     <- c(43, 29, 20, 37, 21)  # 呼吸法有・アロマ無群のデータ
b1a1     <- c(47, 51, 71, 57, 74)  # 呼吸法有・アロマ有群のデータ
data10.4 <- data.frame(            # データフレームを作成
         呼吸法 = factor(c(rep("無",10), rep("有",10))),
         アロマ = factor(c(rep("無", 5), rep("有", 5), rep("無",5), rep("有",5))),
         観測値 = c(b0a0, b0a1, b1a0, b1a1)  # 従属変数
)
summary(aov(観測値~呼吸法*アロマ, data=data10.4))  # 分散分析を実行して要約を表示
```

図 10.9: R による二元配置分散分析のスクリプト例

```
            Df Sum Sq Mean Sq F value   Pr(>F)
呼吸法        1   2880    2880   25.95 0.000108 ***
アロマ        1   1805    1805   16.26 0.000964 ***
呼吸法:アロマ  1    605     605    5.45 0.032921 *
Residuals    16   1776     111
---
Signif. codes:  0 '***' 0.001 '**' 0.01 '*' 0.05 '.' 0.1 ' ' 1
```

図 10.10: R による二元配置分散分析の出力

10.5 フィッシャーの3原則

実験を計画する際は，実験計画法の提唱者であるフィッシャー（R. A. Fisher）による，次の3原則に留意する：

1. **反復**（replication）

    同一水準には2回以上の標本の繰り返しが必要である．先の実験でいえば，各群に1人だけでなく複数の被験者がいることが必要である．同一水準に観測値が1つしかないと，誤差によるバラツキが評価できない．

2. **無作為化**（randomization）

    水準の割り当ては無作為に行う必要がある．つまり，各被験者をどの水準に割り当てるかは無作為でなければならない．

    例えば，ある疾患に対する新薬と既製薬の効果を比較する研究にA病院とB病院の患者が参加してくれたとする．このとき，A病院の患者を新薬群，B病院の患者を既製薬群に割り当てたとしよう．その結果，新薬群と既製薬群に有意な差が出たとして，それを薬剤の効果の違いによるものと直ちに判断してよいだろうか？例えば，A病院の方がB病院よりも施設が整っていたとすると，その施設の違いが結果に影響した可能性が考えられる．ここで，独立変数以外で従属変数に影響を与え得る変数を **剰余変数**（extraneous variable）という．この例のように，独立変数（今回なら薬剤）に連動して剰余変数（今回なら施設）も変わってしまうとき，その実験結果は，独立変数が効いたものなのか，剰余変数が効いたものなのかわからなくなる（これを **交絡**（confounding）という）．だが無作為割り当てを行えば，剰余変数について水準間で偏りがなくなることが期待できる．

なお，例えば 10.3.1 節で取り上げた部屋の色の効果に関する実験は，反復と無作為化の原則を満たすもので，**完全無作為化法**（completely randomized design）と呼ばれる方法による実験である．

では，次の場合を考えてみよう．ある年齢の子どもを対象に，普段朝食をとるかどうかを尋ね，同時に集中力の高さを調べたとする．そこで，普段朝食をとると答えた群（朝食有群）の方がとらないと答えた群（朝食無群）より集中力が有意に高かったとして，朝食の有無が集中力に影響するといえるだろうか？この場合，朝食有群と朝食無群は被験者の習慣によって分けられたもので，実験的介入をしておらず，当然無作為割り当てではない．したがって剰余変数が統制できない．例えば，家庭のしつけが良い子は，普段きちんと朝食をとっているだろうから朝食有群に多く，また，きちんとした生活をしているだろうから集中力が高いと考えられる．一方，家庭のしつけが悪い子は，普段朝食をとっていないだろうから朝食無群に多く，また，ズボラな生活をしているだろうから集中力が低いと考えられる．したがって，朝食有群が朝食無群よりも集中力が高かったという結果は，朝食の有無ではなく，家庭のしつけの良し悪しによるものかもしれない．

倫理的問題などの理由で実験的介入ができないとき，この例のように調査的手法で独立変数と従属変数を測定したものを実験データのように分析したくなるのだが，無作為割り当てによる剰余変数の統制ができないという問題がある．そんなときは，注目する変数と一緒に，考えられる剰余変数も測定して，重回帰分析（13 章参照）やロジスティック回帰分析（14 章参照）にかけることが考えられる．そうすることで，それらの剰余変数が一定という条件の下で，注目する変数の影響を評価することができる．

3. **局所管理**（local control）

水準間に偏りがなくなるように無作為割り当てを行っても，運悪くある水準に特定の性質を強くもつ被験者が多く割り当てられるといった偏りが生じる可能性がある．特に，従属変数に大きく影響するような要因でそのようなことが起こるとまずい．そこで，実験で本格的に取り上げないものの従属変数に大きく影響することがわかっている要因については，標本内で均一でないとき，複数のブロックを設定して各ブロック内では均一になるようにし，ブロックごとに実験で取り上げる要因の各水準に無作為に割り当てるとよい．このような方法を**乱塊法**（randomized block design）といい，このように処理される要因を**ブロック因子**（block factor）という．なお，乱塊法による実験のデータに対する分散分析では，ブロック因子の効果もデータの変動要因に含める．また，各被験者がすべての水準について測定される被験者内計画は，各ブロックに被験者が 1 名のみでその人がすべての水準に割り当てられるケースとみなすことができる．

10.4 節で取り上げた呼吸法とアロマの効果に関する実験でいえば，リラックス度に大きく影響すると考えられる被験者の"神経質さ"に個人差が大きいときには，あらかじめ被験者を神経質さの程度に応じて複数のブロック（高群，中群，低群など）に分けて各ブロック内では神経質さについて均一になるようにし，各ブロックの中から被験者を無作為に 4 つの群に割り当てることが考えられる．

第11章 量的データ間の関連を調べる～相関係数と単回帰分析

これまでは条件間に差があるかどうかを調べる方法を見てきた．ここでは，"差があるか"ではなく，2つの変数（量的データとする）の間に"関連があるか"どうかを調べる方法を見ていこう．

問題 8名の被験者について，一日あたりの読書時間（分単位）と国語のテストの得点を調べた（架空）．読書時間が長いと国語の得点が高いか調べたい．

被験者	新田	我妻	富川	名越	河合	中島	岩井	生稲	平均	標本分散	(標本) 標準偏差
読書時間	33	4	18	20	8	27	33	17			
国語の得点	76	8	52	36	32	40	56	20			

11.1 散布図

読書時間と国語の得点に関連がありそうか，図で視覚的に確認してみよう．図 11.1 を使い，横軸に読書時間，縦軸に国語の得点をとって，各被験者を点で表してみよう．このような図を **散布図**（scatter plot）という．

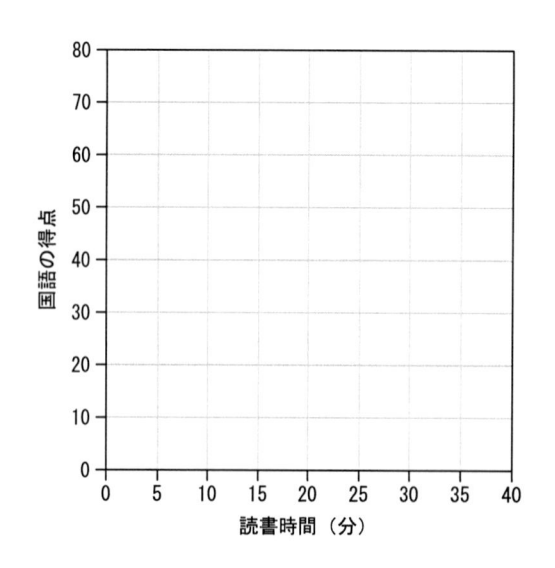

図 11.1: 読書時間と国語の得点の散布図

11.2 共分散

図 11.1 に，読書時間の平均と国語の得点の平均による十字を引いてみよう．すると，散布図は 4 つに分割される．今回のデータでは，左下と右上に被験者が集まっており，右上がりになっていて，読書時間が長いと国語の得点が高い傾向がわかる．では，下のマスを計算しよう．すると，その下に示したことがわかる．

被験者	新田	我妻	富川	名越	河合	中島	岩井	生稲	平均	
読書時間（X）	33	4	18	20	8	27	33	17		
国語の得点（Y）	76	8	52	36	32	40	56	20		
$X - X$ の平均 $\cdots A$									—	合計/標本サイズ
$Y - Y$ の平均 $\cdots B$									合計	（共分散）
$A \times B$										

- **新田さんについて**
  読書時間も国語の得点も平均より高く，図の右上に位置する．
  A はプラスになり，B もプラスになるので，$A \times B$ もプラスになる．
  新田さんの $A \times B$ は，図 11.2 中の右上のグレーの領域の面積となる．

- **我妻さんについて**
  読書時間も国語の得点も平均より低く，図の左下に位置する．
  A はマイナスになり，B もマイナスになるので，$A \times B$ はマイナス × マイナスでプラスになる．
  我妻さんの $A \times B$ は，図 11.2 中の左下のグレーの領域の面積となる．

- このように，**図の左下または右上に位置すれば，$A \times B$ はプラスになる**．

- **富川さんについて**
  読書時間は平均より低くて国語の得点は平均より高く，図の左上に位置する．
  A はマイナスになり，B はプラスになるので，$A \times B$ はマイナス × プラスでマイナスになる．
  富川さんの $A \times B$ は，図 11.2 中の斜線の領域の面積にマイナスをつけた値となる．

- このように，**図の左上または右下に位置すれば，$A \times B$ はマイナスになる**．

- 各被験者の $A \times B$ は，図 11.2 中に示したような符号付きの面積で表現できる．

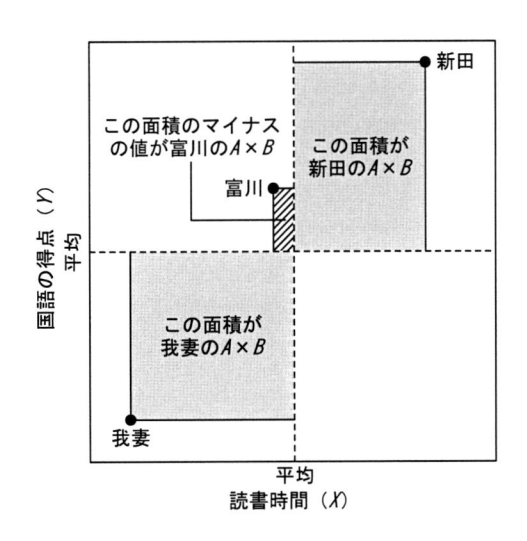

図 11.2: 共分散の解説図

$A \times B$ を被験者分合計して標本サイズ（被験者数）で割った値を **共分散**（covariance）という．共分散は，図 11.2 中に示したような符号付き面積の平均ということができ，散布図が右上がりだとプラス，右下がりだとマイナスになる．2 つの変数 X, Y をそれぞれ $(x_1, x_2, \ldots, x_n)$, $(y_1, y_2, \ldots, y_n)$, X の平均と Y の平均をそれぞれ $\bar{x}$, $\bar{y}$ と書けば，共分散は次のように書ける：

$$X と Y の共分散 = \frac{1}{n}\sum_{i=1}^{n}(x_i - \bar{x})(y_i - \bar{y}) \tag{11.1}$$

11.3 相関係数

共分散は両変数のバラツキ具合によって変動する．そこで，これを基準化するために，共分散を両変数の (標本) 標準偏差で割ったものを，**相関係数**（correlation coefficient）という[1]．相関係数は通常，r で表される．相関係数を式で書けば，次のようになる：

$$X と Y の相関係数 = \frac{X と Y の共分散}{X の (標本) 標準偏差 \times Y の (標本) 標準偏差} \tag{11.2}$$

問題のデータの相関係数を計算せよ．

読書時間と国語の得点の相関係数	

図 11.3 に，散布図と相関係数の例を示す．相関係数は散布図が右上がりだとプラスになり，最大で 1 をとる．この右上がりな関係，つまり一方の変数が高いともう一方の変数も高い関係を **正の相関**（positive correlation）という．相関係数はまた，散布図が右下がりだとマイナスになり，最小で –1 をとる．この右下がりな関係，つまり一方の変数が高いともう一方の変数は低い関係を **負の相関**（negative correlation）という．つまり，相関係数が，1 に近いほど正の相関が強く，–1 に近いほど負の相関が強く，0 に近いほど相関が弱くなる．

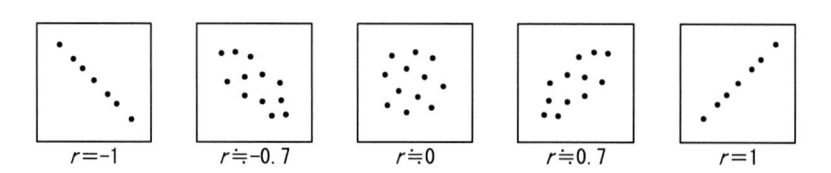

図 11.3: 散布図と相関係数の例

11.3.1 相関係数の注意点

直線的でない関係

相関係数はあくまで右上がりまたは右下がりの "直線的な関係" の方向と強さを表す．相関係数が 0 に近いときは，この直線的な関係が無いことを意味する．だがこのとき，直線的な関係は無くとも，別の関係がある可能性がある．例えば，図 11.4 の散布図のデータで相関係数を計算するとほぼ 0 になる．しかし，明らかに曲線的な関係があることがわかる．つまり，相関係数だけでは 2 つの変数間の関連の有無は判断できない．

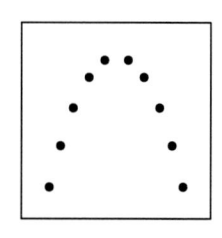

図 11.4: 相関係数 ≒ 0 の例

---

[1] 正確にはピアソンの積率相関係数（Pearson's product-moment correlation coefficient）という．単に相関係数といえば，一般にこれを指す．これは量的データしか扱えないが，相関係数には他にも，順序尺度データでも計算できる，スピアマンの順位相関係数（Spearman's rank correlation coefficient）とケンドールの順位相関係数（Kendall's rank correlation coefficient）がある．

外れ値の影響

データにとびぬけた値（**外れ値**（outlier））があるかないかによって，相関係数は影響を受ける．例えば図 11.5 において，黒丸で示したデータだけで相関係数を計算すると，ほぼ 0 になる．それに対し，黒丸で示したデータに白丸で示した右上のデータを加えて相関係数を計算すると，約 0.8 になってしまう．このように，たった 1 つの極端なデータがあるかないかで，相関係数は大きく変わることがある．

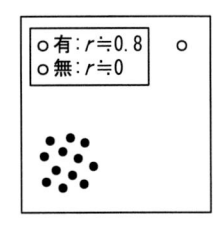

図 11.5: 外れ値の影響の例

擬似相関

2 つの変数間に実際には関連がない場合でも，別の変数の影響で相関係数の絶対値が大きくなることがある．例えば，ある中学校の全校生徒の体力テスト（全員同じ基準で評価されるとする）と統一学力テストの散布図を描いたら図 11.6 の左のようになったとする（架空）．これを見ると強い正の相関がありそうに感じる．しかし，学年別に描いてみると図 11.6 の右のようになり，学年別では体力と学力にほとんど相関がないことがわかる．これは，学年と体力に相関があり，学年と学力にも相関があるために，体力と学力に見せかけの相関（**擬似相関**（spurious correlation）とも呼ばれる）が現れただけである．

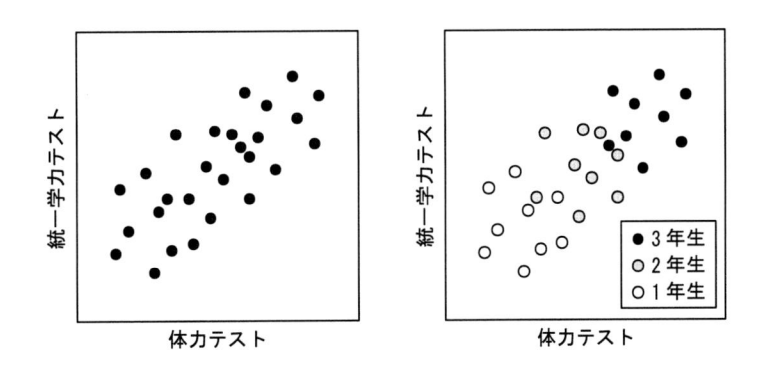

図 11.6: 全校生徒と学年別の散布図（架空）

相関係数の判断の基準

相関係数の値から，正または負の相関がどれくらい強いかを判断する基準は，研究の目的や扱う現象によって違ってくる．統計学関係の書籍には "○○以上なら高い正の相関" といった基準が載っていることがあるが，あくまで目安である．

相関係数と因果関係

相関係数の値から因果関係について判断することはできない．相関係数の絶対値は 2 変数の内容を考慮しないで，単純に右上がりまたは右下がりの直線的関係の程度を示しているに過ぎない．

演習問題

正の相関が現れそうな例を挙げよ．

負の相関が現れそうな例を挙げよ．

11.3.2 相関係数の有意性検定

手元のデータから計算された相関係数はあくまで標本の相関係数である．ここでは，母集団の相関係数（**母相関係数**（population correlation coefficient））について考えよう．具体的には，次の帰無仮説

$$H_0：母相関係数 = 0 \tag{11.3}$$

について検定することを考える．この帰無仮説が正しいとすると，次の t 値

$$t = \frac{相関係数 \times \sqrt{標本サイズ - 2}}{\sqrt{1 - 相関係数の2乗}} \tag{11.4}$$

は，自由度が

$$自由度 = 標本サイズ - 2$$

の t 分布にしたがう（この原理と前提条件については，例えば，吉田（1992, pp.223-225）を参照）．

あとは9章で説明した t 検定と同じように，α を決め，t 分布表（p.107）から自由度とその α に対応する値を読み取って t 値と比較する．ただし，t 検定のときと同様，この t 値はプラス（相関係数がプラスの場合）にもマイナス（相関係数がマイナスの場合）にもなる．t 分布表から読み取ることができるのは分布の上側（図的には右側）の棄却域の境界値であり，分布の下側（図的には左側）の棄却域の境界値を得るには t 分布表から読み取った値にマイナスをつける．

今回の問題（p.60）のデータで相関係数の有意性検定を両側検定で行え．なお，α は0.05とする．

t 値		自由度		棄却域の境界値	下側	上側		結果	・有意	・有意でない

11.4　単回帰分析

相関係数により，読書時間と国語の得点には正の相関があることがわかった．では，読書時間で国語の得点を予測することを考えよう．ここでは，変数 Y を変数 X で予測するとすると，次の式を考える：

$$Y の予測値 = 傾き \times X + 切片 \tag{11.5}$$

この式を **回帰式**（regression equation）という．ここで，説明される側の変数 Y を **目的変数**（objective variable）や従属変数といい，説明する側の変数 X を **説明変数**（explanatory variable）や独立変数という．今回の場合，目的変数が国語の得点，説明変数が読書時間となる．そして今回の **傾き**（slope）は，読書時間が1単位（1分）上がったら国語の得点の予測値がどの方向にどれだけ変化するかを示し，今回の **切片**（intercept）は，読書時間が0分のときの国語の得点の予測値である．

標本の情報を使って，母集団の傾きと切片を推定することを考えよう．ここでは，"(11.5)式で予測した国語の得点"が"実際の国語の得点"にできるだけ近くなるような傾きと切片を求める．より正確には，それらの差の2乗の合計が最小になるような傾きと切片を求める（表11.1参照）．このような推定の方法を **最小2乗法**（least squares method）という．最小2乗法は今回のような分析（これを **単回帰分析**（single regression analysis）という）の他にも，様々な場面で用いられる．

表 11.1: 単回帰分析における最小2乗法の考え方

被験者	読書時間 (X)	国語の得点 (Y)	Y の予測値	($Y-Y$ の予測値)の2乗
新田	33	76	$33a+b$	$\{76-(33a+b)\}^2$
我妻	4	8	$4a+b$	$\{8-(4a+b)\}^2$
富川	18	52	$18a+b$	$\{52-(18a+b)\}^2$
名越	20	36	$20a+b$	$\{36-(20a+b)\}^2$
河合	8	32	$8a+b$	$\{32-(8a+b)\}^2$
中島	27	40	$27a+b$	$\{40-(27a+b)\}^2$
岩井	33	56	$33a+b$	$\{56-(33a+b)\}^2$
生稲	17	20	$17a+b$	$\{20-(17a+b)\}^2$

＊太枠の合計を最小にする a（傾き）と b（切片）の値を求める．

詳しい導き方[2]は省略して，最終的には，傾きと切片の推定値をそれぞれ次のように求める：

$$\text{傾きの推定値} = \frac{X と Y の共分散}{X の標本分散} \tag{11.6}$$

$$\text{切片の推定値} = Y の平均 - \text{傾きの推定値} \times X の平均 \tag{11.7}$$

今回の問題（p.60）のデータで，目的変数を国語の得点，説明変数を読書時間として傾きと切片の推定値を求め，回帰式を推定せよ．

傾き	1.65	切片	7	回帰式	国語の得点の予測値 ＝ 1.65 × 読書時間 ＋ 7

回帰式が推定できれば，例えば国語のテストをまだやっていないが読書時間はわかっている人の，国語の得点を予測することができる．回帰式から，読書時間が15分の人の国語の得点の予測値を求めよ．

読書時間が15分の人の国語の得点の予測値	31.75

この回帰式はどれくらい当てはまりが良いのだろうか？つまり，この式は国語の得点をどれだけ説明できているのだろうか？これには**決定係数**（coefficient of determination）を計算する．決定係数は，目的変数の変動のうち回帰式によって説明される割合を示す．単回帰分析の場合，これは目的変数と説明変数の相関係数の2乗である．

今回の問題のデータで決定係数を計算せよ（小数第3位を四捨五入して小数第2位まで記せ）．

決定係数	0.68

---

[2] 表 11.1 中の太枠の合計を a 及び b の関数とみなし，a と b でそれぞれ偏微分したものを0とおいた連立方程式を解く．

今回のデータの散布図に，推定された回帰式による直線を重ね描きしたものが図 11.7 である．この直線を **回帰直線**（regression line）という．単回帰分析は，各点から垂直方向に引かれた線（図 11.7 中の破線）の長さをそれぞれ 2 乗して合計したものを最小にするような直線（回帰直線）を見つける方法といえる．

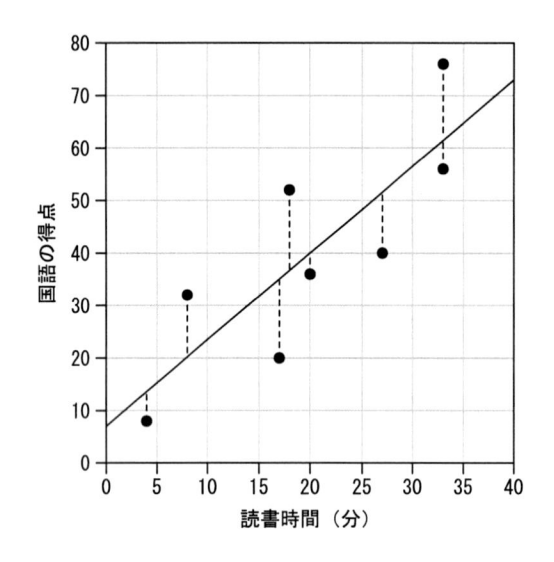

図 11.7: 読書時間と国語の得点の散布図と回帰直線（実線）

なお，単回帰分析は説明変数が 1 つだけであるが，13 章で取り上げる重回帰分析では，説明変数が複数ある場合を考える．また，説明変数を原因，目的変数を結果とみなすことができるものの，あくまで "みなし" であり，これらによって因果関係を確かめることはできない．

演習問題 8 名の被験者について，1 日当たりのゲームの時間（分単位）と学力試験の得点を調べた（架空）．このデータについて，共分散と相関係数を求め，散布図を描き，相関係数の有意性検定（両側検定，$\alpha = 0.05$）を行え．さらに，学力試験の得点を目的変数，ゲームの時間を説明変数とした単回帰分析を行い，回帰直線を引き，ゲームの時間が 30 分の人の学力試験の得点の予測値を求めよ．

被験者	新田	我妻	名越	河合	富川	中島	岩井	生稲	平均	標本分散	(標本)標準偏差
ゲームの時間（X）	19	20	35	29	6	22	35	10			
学力試験の得点（Y）	38	30	34	18	74	54	6	50			
$X - \bar{X}$ の平均 $\cdots A$									—	—	—
$Y - \bar{Y}$ の平均 $\cdots B$									合計	共分散	相関係数
$A \times B$											

相関係数の有意性検定

t 値		自由度		棄却域の境界値	下側	上側	結果	・有意　・有意でない

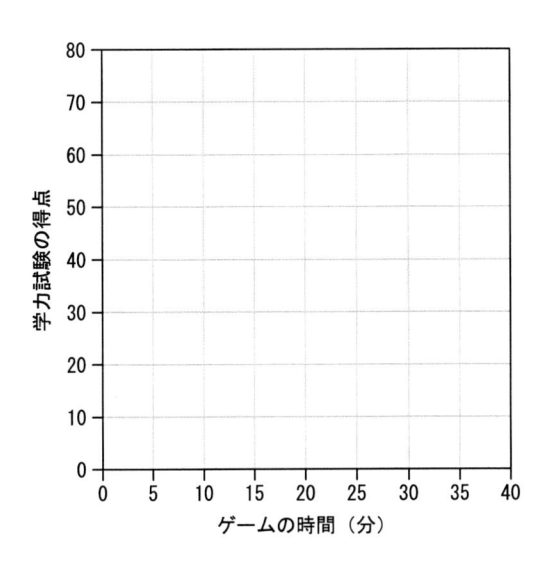

傾き		切片		回帰式	学力試験の予測値 ＝		× ゲームの時間 ＋	
決定係数		ゲームの時間が 30 分の人の学力試験の得点の予測値						

11.5　Excelによる方法

Excelを使ってこの章で述べた内容を実行するには，次の機能が利用できる．

- COVARIANCE.P　　　　共分散を返す関数
- CORREL　　　　　　　相関係数を返す関数
- SLOPE　　　　　　　　単回帰分析における傾きの推定値を返す関数
- INTERCEPT　　　　　　単回帰分析における切片の推定値を返す関数
- 「データ分析」の「回帰分析」　　単回帰分析，重回帰分析を実行する
- グラフの「散布図」　　散布図を作成する
- 散布図の「近似曲線」　　散布図に回帰直線，回帰式，決定係数を表示する
 　　　　　　　　　　　　（線形近似以外の機能もあり）

11.6 Rによる方法

```
readt <- c(33, 4, 18, 20, 8, 27, 33, 17)                    # 読書時間のデータ
jlang <- c(76, 8, 52, 36, 32, 40, 56, 20)                   # 国語の得点のデータ
cov(readt, jlang) * (length(readt)-1) / length(readt)        # （本書で示した）共分散
cor(readt, jlang, method="pearson")                          # （ピアソンの積率）相関係数
cor.test(readt, jlang, method="pearson")                     # 相関係数の有意性検定
data11 <- data.frame("読書時間"=readt, "国語の得点"=jlang)   # データフレームを作成
out.reg <- lm(国語の得点 ~ 読書時間, data=data11)            # 単回帰分析を実行して結果を保存
summary(out.reg)                                             # 単回帰分析の結果の要約を表示
reg.eq <- function(x){out.reg$coefficients[2]*x+out.reg$coefficients[1]} # 回帰式の関数を定義
reg.eq(15)             # 読書時間が15分の人の国語の得点の予測値
plot(readt, jlang, xlab="読書時間（分）", ylab="国語の得点",  # 散布図を作成
     sub="読書時間と国語の得点の散布図と回帰直線")
abline(out.reg)        # 散布図に回帰直線を引く
```

スクリプト例

```
> cov(readt, jlang) * (length(readt)-1) / length(readt)      # （本書で示した）共分散
[1] 165
> cor(readt, jlang, method="pearson")                        # （ピアソンの積率）相関係数
[1] 0.825
> cor.test(readt, jlang, method="pearson")                   # 相関係数の有意性検定

        Pearson's product-moment correlation

data:  readt and jlang
t = 3.5758, df = 6, p-value = 0.0117
alternative hypothesis: true correlation is not equal to 0
95 percent confidence interval:
 0.2874204 0.9673178
sample estimates:
  cor
0.825

> data11 <- data.frame("読書時間"=readt, "国語の得点"=jlang) # データフレームを作成
> out.reg <- lm(国語の得点 ~ 読書時間, data=data11)          # 単回帰分析を実行して結果を保存
> summary(out.reg)                                           # 単回帰分析の結果の要約を表示

Call:
lm(formula = 国語の得点 ~ 読書時間, data = data11)

Residuals:
    Min     1Q  Median     3Q    Max
-15.050  -7.088  -4.725  12.488  15.300

Coefficients:
            Estimate Std. Error t value Pr(>|t|)
(Intercept)   7.0000    10.3179   0.678   0.5228
読書時間       1.6500     0.4614   3.576   0.0117 *
---
Signif. codes:  0 '***' 0.001 '**' 0.01 '*' 0.05 '.' 0.1 ' ' 1

Residual standard error: 13.05 on 6 degrees of freedom
Multiple R-squared:  0.6806,    Adjusted R-squared:  0.6274
F-statistic: 12.79 on 1 and 6 DF,  p-value: 0.0117

> reg.eq <- function(x){out.reg$coefficients[2]*x+out.reg$coefficients[1]} # 回帰式の関数を定義
> reg.eq(15)                    # 読書時間が15分の人の国語の得点の予測値
読書時間
   31.75
> plot(readt, jlang, xlab="読書時間（分）", ylab="国語の得点",  # 散布図を作成
+ sub="読書時間と国語の得点の散布図と回帰直線")
> abline(out.reg)               # 散布図に回帰直線を引く
```

出力

読書時間（分）
読書時間と国語の得点の散布図と回帰直線

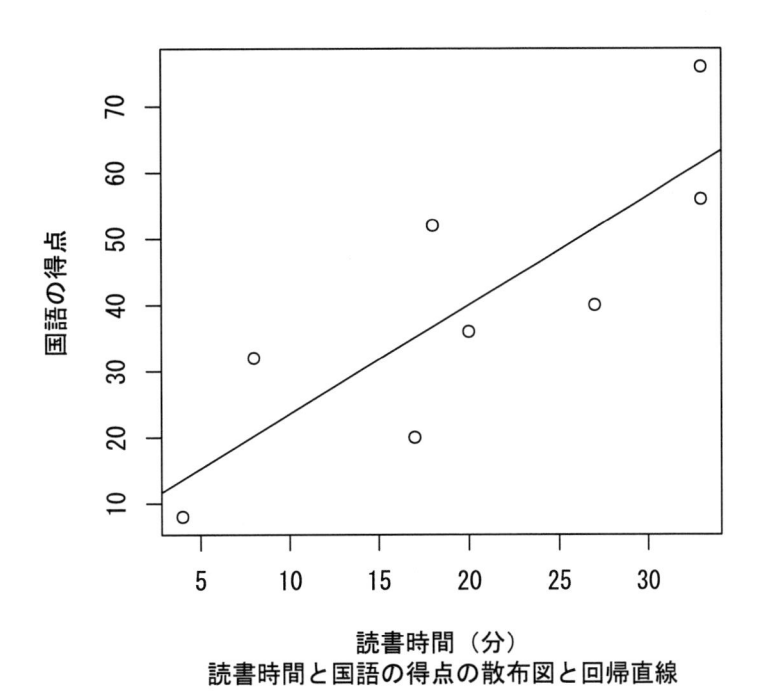

出力（散布図）

第12章 質的データ間の関連を調べる〜 χ^2 検定

11章では2つの量的データ間の関連について見てきた．本章では，2つの質的データ間に関連があるかを χ^2 **検定**（chi-squared test）と呼ばれる方法[1]で調べることを考える（χ はギリシア文字で"カイ"と呼ぶ）．質的データで用いることができるということは，量的データでも，例えばある値より大きい群と小さい群に分けるなどして χ^2 検定にかけることができる．

問題 表 12.1 は，無作為に選ばれた普通科の高校生 40 名の，性別と，文系か理系かの選択（文理選択）のデータ（架空）である．表中の ID は各被験者に割り振った番号である．このデータを用いて，性別と文理選択に関連があるか調べたい．

表 12.1: 性別と文理選択のデータ（架空）

ID	1	2	3	4	5	6	7	8	9	10	11	12	13	14	15	16	17	18	19	20
性別	男	男	女	女	男	女	男	女	女	女	男	女	男	男	女	女	女	女	女	男
選択	理	文	文	文	文	文	文	文	文	理	文	文	理	理	理	文	文	文	文	理
ID	21	22	23	24	25	26	27	28	29	30	31	32	33	34	35	36	37	38	39	40
性別	女	女	女	男	男	男	女	女	男	男	男	女	男	男	女	女	女	女	女	女
選択	理	文	理	理	理	文	文	文	理	文	文	理	理	文	文	文	文	文	文	文

12.1 クロス表（分割表）

性別も文理選択も値自体を足したり引いたりできないので，各カテゴリーに入る人数から関連を調べる．それにはまず，表 12.2 のような表を作成する．このような表を **クロス表**（cross table）または **分割表**（contingency table）という．特に，(行の変数のカテゴリー数) × (列の変数のカテゴリー数) のクロス表（または分割表）と呼び，今回は，2 × 2 のクロス表になる．また，これら 2 × 2 の 4 つのマス（**セル**（cell）と呼ぶ）に入るのは観測された実際の人数なので，**観測度数**（observed frequency）といい，各行及び各列の合計を **周辺度数**（marginal frequency）という．

表 12.1 のデータから表 12.2 を完成させよ．

表 12.2: 性別と文理選択のクロス表

(観測度数)	文理選択 文系	理系	合計
性別 男性			
性別 女性			
合計			

---

[1] ここで説明する χ^2 検定は，ピアソンの χ^2 検定（Pearson's chi-squared test）や独立性の検定（test of independence）とも呼ばれる．

12.2 期待度数

ここで説明する χ^2 検定における帰無仮説は「行の変数と列の変数は関連がない（独立である）」である．今回の問題では，「性別と文理選択には関連がない」となる．

ではまず，周辺度数はそのままで，行の変数と列の変数に関連がないとしたら，クロス表の各セルにはどれだけの人数がいることになるかを計算する．この人数を **期待度数**（expected frequency）という．A 行 B 列のセルの期待度数は次のように求められる：

$$\text{A 行 B 列のセルの期待度数} = \frac{\text{A 行の観測度数の合計} \times \text{B 列の観測度数の合計}}{\text{全観測度数の合計}} \tag{12.1}$$

表 12.2 から各セルの期待度数を求め，表 12.3 を完成させよ．

表 12.3: 期待度数

期待度数		文理選択	
		文系	理系
性別	男性		
	女性		

12.3 セル χ^2 値

次に，各セルについて次の **セル χ^2 値**（cell chi-squared value）を求める：

$$\text{セル}\chi^2\text{値} = \frac{(\text{観測度数} - \text{期待度数})^2}{\text{期待度数}} \tag{12.2}$$

観測度数と期待度数のズレが大きいほど，セル χ^2 値は大きくなる．

表 12.2 と表 12.3 から各セルのセル χ^2 値を求め，表 12.4 を完成させよ．

表 12.4: セル χ^2 値

セル χ^2 値		文理選択	
		文系	理系
性別	男性		
	女性		

12.4 χ^2 値

そして，次のように χ^2 **値**（chi-squared value）を求める：

$$\chi^2\text{値} = \text{全セルのセル}\chi^2\text{値の合計} \tag{12.3}$$

帰無仮説が正しいとき，このように求められる χ^2 値の分布は標本サイズが大きいほど χ^2 **分布**（chi-squared distribution）という分布に近づく[2]．χ^2 分布は自由度で形が決まり（図 12.1 参照），この場合，

$$\text{自由度} = (\text{行の変数のカテゴリー数} - 1) \times (\text{列の変数のカテゴリー数} - 1)$$

の χ^2 分布に近づく．今回の問題では，自由度は $(2-1) \times (2-1) = 1$ となる．

---

[2]「漸近的に（asymptotically）χ^2 分布にしたがう」などと表現される．

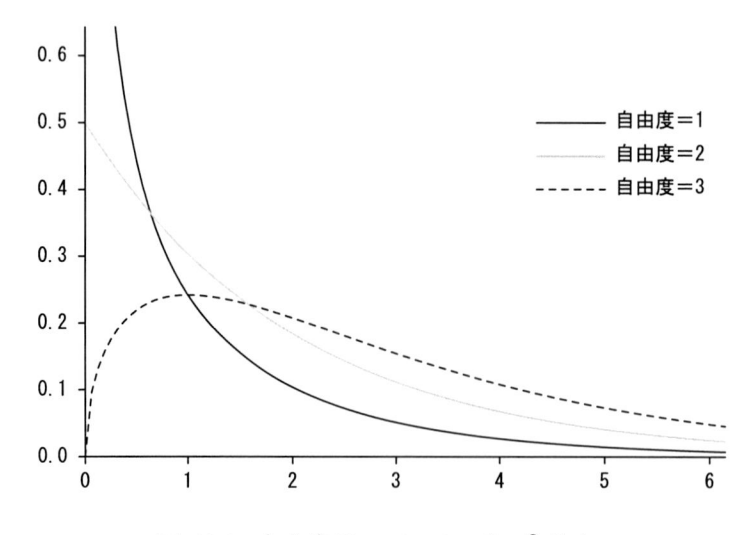

図 12.1: 自由度が 1, 2, 3 の各 χ^2 分布

χ^2 値が求まったら，例によって α を決め，該当する自由度の χ^2 分布上の極端なところに α に対応する棄却域を設け，χ^2 値がそこに入っていれば有意であり，帰無仮説を棄却して，"行の変数と列の変数に関連がある"とみなす．なお，ここでは観測度数と期待度数のズレがどれだけ大きいかに関心がある．各セルの観測度数と期待度数のズレが大きいほどセル χ^2 値は大きくなり，その結果 χ^2 値も大きくなるので，χ^2 値がどれだけ大きいかに注目する．したがって，分布の上側（図的には右側）のみに α 分の棄却域を設けることになる（図 12.2 参照）．この棄却域の境界値を得るには，χ^2 分布表（p.110）の $\nu =$ 自由度，$P = \alpha$ に該当する値を読み取る．

今回の問題の χ^2 値，自由度，棄却域の境界値，結果を記せ．なお，α は 0.05 とする．

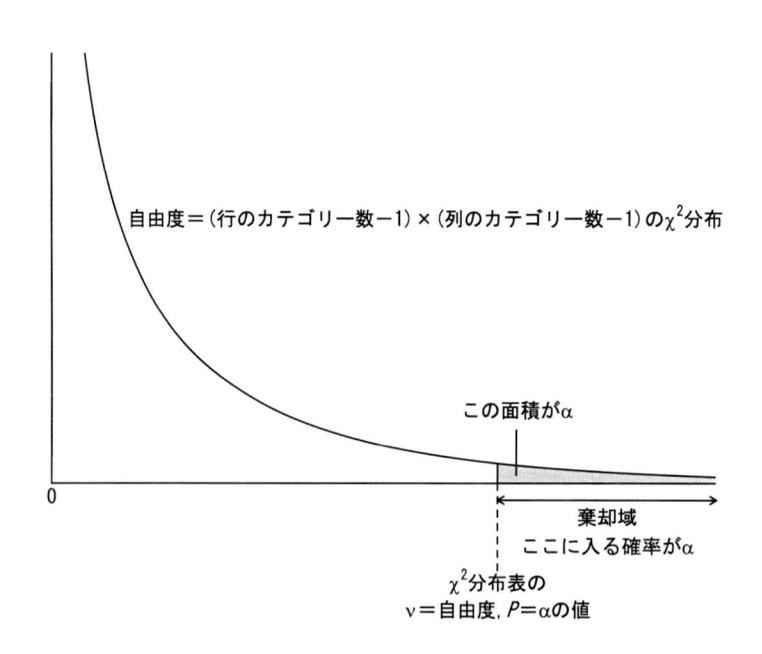

図 12.2: χ^2 検定における棄却域

χ^2 値		自由度		棄却域の境界値		結果	・有意	・有意でない

72　第 12 章　質的データ間の関連を調べる〜 χ^2 検定

今回の χ^2 検定では結果が有意であり，性別と文理選択に関連があると判断された．では，具体的にどんな関連があるのだろうか？これを調べるために，今回のデータで性別ごとに文系と理系の割合を計算してみよう．すると，男性はやや理系寄りなのに対し，女性はかなり文系寄りであることがわかる．

表 12.5: 性別ごとの文系と理系の割合

観測度数		文理選択 文系	文理選択 理系	合計
性別	男性	7 （　　%）	9 （　　%）	16 （100%）
性別	女性	18 （　　%）	6 （　　%）	24 （100%）
合計		25 （　　%）	15 （　　%）	40 （100%）

12.5　イェーツの連続性補正

χ^2 検定では，観測度数という飛び飛びの値（例えば 10.5 人はありえない）に基づく χ^2 値の分布を，連続的な χ^2 分布に近似させており，小標本だと近似が悪くなる．そこで，2×2 のクロス表では，近似を良くする**イェーツの連続性補正**（Yates' continuity correction）が提案されている．これは，次のようにクロス表の値を表記するとすると，

観測度数		文理選択 文系	文理選択 理系	合計
性別	男性	7 (a)	9 (b)	16 (a+b)
性別	女性	18 (c)	6 (d)	24 (c+d)
合計		25 (a+c)	15 (b+d)	40 (n=a+b+c+d)

χ^2 値を次のように求める：

$$\text{イェーツの連続性補正を施した}\chi^2\text{値} = \frac{n(|ad-bc|-n/2)^2}{(a+b)(c+d)(a+c)(b+d)} \tag{12.4}$$

ただし，$|ad-bc|-n/2$ が 0 以下のときは χ^2 値を 0 とする．なお，2×2 のクロス表に対する通常の χ^2 値はこのとき，次のように書ける：

$$\text{通常の}\chi^2\text{値} = \frac{n(ad-bc)^2}{(a+b)(c+d)(a+c)(b+d)} \tag{12.5}$$

なお，この補正については，「期待度数が 5 以下のセルがある場合は施すべき」や「代わりにフィッシャーの正確確率検定（次節参照）を行うべき」など，様々な議論がある（例えば，鈴木 (1983) に詳しい）．

12.6　フィッシャーの正確確率検定

χ^2 検定と同じようにクロス表を使って 2 変数間に関連があるか調べる方法として，**フィッシャーの正確確率検定**（Fisher's exact test）がある．χ^2 検定では χ^2 値の分布を χ^2 分布に近似させるのに対し，この方法は p 値を直接計算するので，小標本でも利用できる．ただし，この方法は標本サイズが大きくなると計算量が膨大になる．

今回のクロス表でその概要を説明しよう．周辺度数を変えないとして，今回のデータのような文系／理系の分かれ方（文理パターンと呼ぶことにする）になる組み合わせの数は，次のように計算できる：

	文系	理系	合計
男性	7	9	16
女性	18	6	24
合計	25	15	40

← 16 人の男性から 9 人選ぶ組み合わせの数 = $_{16}C_9$
← 24 人の女性から 6 人選ぶ組み合わせの数 = $_{24}C_6$
今回の文理パターンになる組み合わせの数 = $_{16}C_9 \times _{24}C_6$

さて，今回の文理パターンは男性が理系寄りで女性が文系寄りに偏っている．ここで，グレーで示したところは変えないとして，今回の文理パターンよりもさらに（男性が理系寄りで女性が文系寄りに）偏った文理パターン及びそうなる組み合わせの数は次の通りになる：

	文系	理系	合計
男性	6	10	16
女性	19	5	24
合計	25	15	40

← 16 人の男性から 10 人選ぶ組み合わせの数 = $_{16}C_{10}$
← 24 人の女性から 5 人選ぶ組み合わせの数 = $_{24}C_5$
この文理パターンになる組み合わせの数 = $_{16}C_{10} \times _{24}C_5$

	文系	理系	合計
男性	5	11	16
女性	20	4	24
合計	25	15	40

← 16 人の男性から 11 人選ぶ組み合わせの数 = $_{16}C_{11}$
← 24 人の女性から 4 人選ぶ組み合わせの数 = $_{24}C_4$
この文理パターンになる組み合わせの数 = $_{16}C_{11} \times _{24}C_4$

	文系	理系	合計
男性	4	12	16
女性	21	3	24
合計	25	15	40

← 16 人の男性から 12 人選ぶ組み合わせの数 = $_{16}C_{12}$
← 24 人の女性から 3 人選ぶ組み合わせの数 = $_{24}C_3$
この文理パターンになる組み合わせの数 = $_{16}C_{12} \times _{24}C_3$

	文系	理系	合計
男性	3	13	16
女性	22	2	24
合計	25	15	40

← 16 人の男性から 13 人選ぶ組み合わせの数 = $_{16}C_{13}$
← 24 人の女性から 2 人選ぶ組み合わせの数 = $_{24}C_2$
この文理パターンになる組み合わせの数 = $_{16}C_{13} \times _{24}C_2$

	文系	理系	合計
男性	2	14	16
女性	23	1	24
合計	25	15	40

← 16 人の男性から 14 人選ぶ組み合わせの数 = $_{16}C_{14}$
← 24 人の女性から 1 人選ぶ組み合わせの数 = $_{24}C_1$
この文理パターンになる組み合わせの数 = $_{16}C_{14} \times _{24}C_1$

	文系	理系	合計
男性	1	15	16
女性	24	0	24
合計	25	15	40

← 16 人の男性から 15 人選ぶ組み合わせの数 = $_{16}C_{15}$
← 24 人の女性から 0 人選ぶ組み合わせの数 = $_{24}C_0$
この文理パターンになる組み合わせの数 = $_{16}C_{15} \times _{24}C_0$

この検定での p 値は，男性が理系寄り，女性が文系寄りの方向の片側検定の場合，今回の文理パターン以上に偏る確率であり，超幾何分布（hypergeometric distribution）という分布を用いて次のように計算できる:

$$\text{片側検定の } p \text{ 値} = \text{今回の文理パターン以上に偏る確率}$$
$$= \frac{\text{今回の文理パターン以上に男→理，女→文に偏った文理パターンの組み合わせの総数}}{\text{全ての文理パターンの組み合わせの総数}}$$
$$= \frac{({}_{16}C_9 \times {}_{24}C_6) + ({}_{16}C_{10} \times {}_{24}C_5) + \cdots + ({}_{16}C_{15} \times {}_{24}C_0)}{{}_{40}C_{15}}$$
$$\fallingdotseq 0.04799$$

両側検定では，逆の方向（今回なら男性が文系寄り，女性が理系寄り）に偏った文理パターンも考慮する．なお，ここでは文系／理系の分かれ方に注目したが，男性／女性の分かれ方に注目しても同じである．また，フィッシャーの正確確率検定は 2×2 以外のクロス表にも適用できるように拡張されている．

演習問題 a 無作為に選んだ 272 名の人に，喫煙習慣の有無と，コーヒーと紅茶ならどちらが好きかを尋ねて，下のクロス表を作成した（架空）．このクロス表で各行について割合を計算し，さらに χ^2 検定を行え．なお，イェーツの連続性補正は行わず，α は 0.05 とする．

観測度数		飲み物の好み		合計
		コーヒー	紅茶	
喫煙習慣	有	91 (%)	21 (%)	112 (100%)
	無	79 (%)	81 (%)	160 (100%)
合計		170 (%)	102 (%)	272 (100%)

期待度数		飲み物の好み	
		コーヒー	紅茶
喫煙習慣	有		
	無		

セル χ^2 値		飲み物の好み	
		コーヒー	紅茶
喫煙習慣	有		
	無		

χ^2 値		自由度		棄却域の境界値		結果	・有意 ・有意でない

演習問題 b 無作為に選んだ 441 名の人に，居住地（都市部か地方部か）と，ある政策に対する態度を尋ねて，下のクロス表を作成した（架空）．このクロス表で各行について割合を計算し，さらに χ^2 検定を行え．なお，α は 0.05 とする．

観測度数		ある政策に対する態度			合計
		賛成	どちらでもない	反対	
居住地	都市部	150 (　　%)	87 (　　%)	78 (　　%)	315 (100%)
	地方部	25 (　　%)	39 (　　%)	62 (　　%)	126 (100%)
合計		175 (　　%)	126 (　　%)	140 (　　%)	441 (100%)

期待度数		ある政策に対する態度		
		賛成	どちらでもない	反対
居住地	都市部			
	地方部			

セル χ^2 値		ある政策に対する態度		
		賛成	どちらでもない	反対
居住地	都市部			
	地方部			

χ^2 値		自由度		棄却域の境界値		結果	・有意	・有意でない

12.7　Excelによる方法

Excelではピボットテーブルの機能を使ってクロス表を作成できる．また，CHISQ.TEST関数を使ってχ^2検定を実行できる．

12.8　Rによる方法

```
data12.1 <- data.frame(     # データフレームを作成
  性別 = factor(c(1, 1, 2, 2, 1, 2, 1, 2, 2, 2, 1, 2, 1, 1, 2, 2, 2, 2, 2, 1,
                 2, 2, 2, 1, 1, 1, 2, 2, 2, 1, 1, 1, 2, 1, 1, 2, 2, 2, 2, 2),
                levels=1:2, labels=c("男性", "女性")
       ),
  文理 = factor(c(2, 1, 1, 1, 1, 1, 1, 1, 1, 2, 1, 1, 2, 2, 2, 1, 1, 1, 1, 2,
                 2, 1, 2, 2, 2, 1, 2, 1, 1, 2, 1, 1, 2, 2, 2, 1, 1, 1, 1, 1),
                levels=1:2, labels=c("文系", "理系")
       )
)
(ctable <- table(data12.1$性別, data12.1$文理))   # クロス表を作成し表示
# 各セルの観測度数がわかっている場合は下のように直接入力してもよい
# ctable <- matrix(c(7, 9, 18, 6), 2, 2, byrow=T)
chisq.test(ctable, correct=F)   # カイ2乗検定(イェーツの連続性補正を施すにはcorrect=T)
fisher.test(ctable)             # フィッシャーの正確確率検定（両側検定）
```

スクリプト例

```
> (ctable <- table(data12.1$性別, data12.1$文理))   # クロス表を作成し表示

      文系 理系
  男性    7    9
  女性   18    6
> # 各セルの観測度数がわかっている場合は下のように直接入力してもよい
> # ctable <- matrix(c(7, 9, 18, 6), 2, 2, byrow=T)
> chisq.test(ctable, correct=F)   # カイ2乗検定(イェーツの連続性補正を施すにはcorrect=T)

        Pearson's Chi-squared test

data:  ctable
X-squared = 4, df = 1, p-value = 0.0455

> fisher.test(ctable)             # フィッシャーの正確確率検定（両側検定）

        Fisher's Exact Test for Count Data

data:  ctable
p-value = 0.09389
alternative hypothesis: true odds ratio is not equal to 1
95 percent confidence interval:
 0.05407142 1.20951160
sample estimates:
odds ratio
 0.2690232
```

出力

第13章　重回帰分析

　本章からは，各被験者につき多くの測定値が得られているデータを分析する場合を考える．このようなデータは一般に，多くの被験者を対象にした質問紙などによる調査によって収集される．このようなデータを分析する手法の総称を **多変量解析**（multivariate analysis）という．多変量解析には目的に応じて様々な手法があり，いずれも大規模な計算が必要なので，通常は統計解析ソフトを用いて実行することになる．本書では，Rを用いた分析事例を通して説明する．

　11.4節では，説明変数が1つの場合である単回帰分析を取り上げた．本章では，説明変数が複数ある場合の手法である **重回帰分析**（multiple regression analysis）を取り上げる．

　問題　表13.1は，無作為に選ばれた30名の人に，年収を尋ね，そして将来不安と幸福感[1]を5段階（将来不安は高いほど不安，幸福感は高いほど幸福）で判断してもらった結果である（架空）．このデータを用いて，幸福感を，年収と将来不安を使って説明したい．

表 13.1: 幸福感，年収，将来不安のデータ（架空）

ID	幸福感	年収（単位：100万円）	将来不安
1	3	5.0	2
2	3	4.5	4
3	5	7.0	1
⋮	⋮	⋮	⋮
30	1	2.5	5

```
data13 <- data.frame(
幸福感 = c(3, 3, 5, 2, 2, 3, 3, 1, 2, 4, 3, 2, 4, 3, 5,
         4, 5, 4, 3, 3, 3, 3, 1, 2, 5, 2, 4, 3, 3, 1),
年収 = c(5.0, 4.5, 7.0, 4.0, 3.8, 8.0, 3.0, 2.0, 1.7, 6.5, 3.5, 4.7, 3.4, 3.9, 8.2,
         4.9, 7.5, 3.7, 3.2, 4.2, 2.7, 2.3, 1.5, 5.2, 6.0, 1.6, 5.7, 2.8, 3.6, 2.5),
将来不安 = c(2, 4, 1, 3, 3, 2, 3, 5, 3, 3, 4, 5, 2, 4, 2,
           2, 1, 4, 3, 3, 3, 4, 4, 4, 1, 5, 2, 4, 3, 5)
)
cor(data13)                                          # 変数間の相関係数
summary(lm(幸福感~年収+将来不安, data=data13))       # 重回帰分析を実行して要約を表示
data.stdzed <- data.frame(scale(data13))             # データを標準化する
lm(幸福感~., data=data.stdzed)$coefficients          # 標準偏回帰係数
# VIFの計算(今回は説明変数が2つなので，両方とも同じになる)
1/(1-summary(lm(年収~将来不安, data=data13))$r.squared)   # 年収のVIF
1/(1-summary(lm(将来不安~年収, data=data13))$r.squared)   # 将来不安のVIF
```

図 13.1: Rによる重回帰分析のスクリプト例

---
[1] 主観的幸福度の測定については様々な議論があるが，ここでは単純に"幸福"(5)〜"不幸"(1)のどれかを尋ねたと想定する．

```
> cor(data13)                                        # 変数間の相関係数
           幸福感      年収      将来不安
幸福感     1.0000000  0.7014492 -0.7745143
年収       0.7014492  1.0000000 -0.6753791
将来不安  -0.7745143 -0.6753791  1.0000000
> summary(lm(幸福感~年収+将来不安, data=data13))      # 重回帰分析を実行して要約を表示

Call:
lm(formula = 幸福感 ~ 年収 + 将来不安, data = data13)

Residuals:
    Min      1Q  Median      3Q     Max
-1.4044 -0.5929  0.1510  0.4878  1.5363

Coefficients:
            Estimate Std. Error t value Pr(>|t|)
(Intercept)  3.86075    0.79770   4.840 4.68e-05 ***
年収         0.20198    0.09394   2.150  0.04067 *
将来不安    -0.53610    0.14786  -3.626  0.00118 **
---
Signif. codes:  0 '***' 0.001 '**' 0.01 '*' 0.05 '.' 0.1 ' ' 1

Residual standard error: 0.7022 on 27 degrees of freedom
Multiple R-squared:  0.6584,    Adjusted R-squared:  0.6331
F-statistic: 26.02 on 2 and 27 DF,  p-value: 5.048e-07

> data.stdzed <- data.frame(scale(data13))           # データを標準化する
> lm(幸福感~., data=data.stdzed)$coefficients        # 標準偏回帰係数
  (Intercept)          年収       将来不安
-7.700650e-18  3.279474e-01 -5.530255e-01
> # VIFの計算(今回は説明変数が2つなので，両方とも同じになる)
> 1/(1-summary(lm(年収~将来不安, data=data13))$r.squared)   # 年収のVIF
[1] 1.838698
> 1/(1-summary(lm(将来不安~年収, data=data13))$r.squared)   # 将来不安のVIF
[1] 1.838698
```

図 13.2: R による重回帰分析の出力

13.1 偏回帰係数

図 13.1 が今回の重回帰分析のためのスクリプト例で，図 13.2 がその出力である．ここで行う重回帰分析では，幸福感を目的変数，年収と将来不安を説明変数とし，回帰式として次を考えることになる：

$$\text{幸福感の予測値} = \beta_0 + \beta_{\text{年収}} \times \text{年収} + \beta_{\text{将来}} \times \text{将来不安} \tag{13.1}$$

ここで，β_0 は（母集団の）切片，他の β はそれぞれ対応する説明変数に対する（母集団の）**偏回帰係数** (partial regression coefficient) と呼ばれる．図 13.2 中の "Coefficients" の "Estimate" の列が，今回の標本によるこれらの推定値である．これより，$\beta_{\text{年収}}$ の推定値が約 0.2，$\beta_{\text{将来}}$ の推定値が約 -0.54 なので，年収が高いほど，そして将来不安が低いほど幸福感の予測値が高くなることがわかる．出力では各偏回帰係数の有意性検定（帰無仮説：母偏回帰係数 $= 0$）の結果も表示している．図中の "Pr(>|t|)" がこれらの検定の p 値で，これらより年収では 5% 水準で有意，将来不安では 1% 水準で有意であることがわかる．

ある説明変数の偏回帰係数は，他の説明変数が一定のとき，その説明変数が 1 単位増えたら目的変数の予測値がどの方向にどれだけ変化するかを示す．例えば，次のように $\beta_{\text{年収}}$ は，被験者 1 の年収が 1 単位（100万円）増えた時の幸福感の予測値と，被験者 1 の幸福感の予測値との差を表していることがわかる：

$$\text{被験者 1 の年収が 1 単位増えた時の予測値} = \beta_0 + \beta_{\text{年収}} \times (5.0+1) + \beta_{\text{将来}} \times 2$$
$$\text{被験者 1 の予測値} = \beta_0 + \beta_{\text{年収}} \times 5.0 + \beta_{\text{将来}} \times 2$$
$$\text{被験者 1 の年収が 1 単位増えた時の予測値} - \text{被験者 1 の予測値} = \beta_{\text{年収}}$$

図 13.2 の上部より，年収と将来不安の相関係数が約 -0.68 で負の相関があり，年収が多い人は将来不安が低い傾向にあることがわかる．年収だけを説明変数として投入した場合，年収がダイレクトに幸福感に与える影響だけでなく，

$$\text{年収が多いと将来不安が低い} \rightarrow \text{将来不安が低いと幸福感が高い}$$

という将来不安が絡んだ影響も混ざることになる．それに対して，年収と将来不安の両方を説明変数として投入すれば，将来不安を一定にした上での年収の影響がわかる．

このように重回帰分析では，他の説明変数を一定にした上での，ある説明変数の影響を評価できる．調査研究では，実験研究のように無作為割り当て（10.5 節参照）による剰余変数の統制ができない．だが，注目する変数と一緒に考えられる剰余変数も測定して重回帰分析にかければ，それらの剰余変数を一定にした上での，注目する変数の影響を評価することができる．

13.2　標準偏回帰係数

ここで，目的変数に対する説明変数の影響力を比較することを考えよう．そのために偏回帰係数（の推定値）の絶対値を比較したいのだが，これは対応する説明変数の単位やバラツキ具合に左右される．それらに左右されないのが **標準偏回帰係数**（standardized partial regression coefficient）と呼ばれるものである．これは，各変数について，平均を引いてから標準偏差で割るという操作（これを **標準化**（standardization）といい，これにより平均が 0，分散が 1 になる）をしたデータで得られる偏回帰係数である．また，次のように偏回帰係数から標準偏回帰係数を求めることもできる：

$$\text{説明変数 A の標準偏回帰係数} = \frac{\text{説明変数 A の偏回帰係数} \times \text{説明変数 A の標準偏差}}{\text{目的変数の標準偏差}} \tag{13.2}$$

ある説明変数の標準偏回帰係数は，他の説明変数が一定のとき，その説明変数が 1 標準偏差分増加したときに，目的変数の予測値がどの方向に何標準偏差分変化するかを示す．図 13.2 では，下から 6 行目に今回のデータの標準偏回帰係数が表示してある．

なお，説明変数の影響力を比較するのに偏回帰係数と標準偏回帰係数のどちらを用いるべきかについては，様々な議論がある（詳しくは柳井（2008）を参照のこと）．

13.3　決定係数・自由度調整済み決定係数

重回帰分析でも決定係数（11.4 節参照）が計算できる．重回帰分析における決定係数は，目的変数の観測値と回帰式による予測値との相関係数である **重相関係数**（multiple correlation coefficient）と呼ばれる値の 2 乗である．図 13.2 中では "Multiple R-squared" が決定係数である．この値より，今回は目的変数の変動の約 66% が回帰式によって説明されることがわかる．ただし決定係数は，説明変数が増えると単純に大きくなる．そこで，説明変数の数を考慮したのがその右の "Adjusted R-squared" で，**自由度調整済み決定係数**（coefficient of determination adjusted for the degree of freedom）と呼ばれる．この指標は，説明変数の数に応じてペナルティを与えるように補正してあり，説明変数の数が違っても当てはまりの良さを比較できる．その下は決定係数の有意性検定（帰無仮説：母決定係数 $= 0$）の結果で，今回は 0.1% 水準で有意であることがわかる．

13.4 パス図による表現

図 13.3 に今回の重回帰分析の概念図を示した．このような図を **パス図**（path diagram）という．図中，四角で囲ってあるものは実際に観測された変数（**観測変数**（observed variable））であることを示す．片方矢印は仮定された因果を表し，ここでは 2 つの説明変数から目的変数に矢印が伸びている．それらに添えられた値（パス係数（path coefficient）という）は標準偏回帰係数で，R^2 は決定係数を示す．2 つの説明変数で説明しきれない部分は誤差が説明する．誤差は観測されないものなので，円で囲ってある．誤差からのパス係数は $\sqrt{1-R^2}$ となる（R^2 を表記しているので省略してある）．説明変数間の両方矢印は相関関係を示し，添えられた値は相関係数である．説明変数間にあまりに高い相関があると，後述する多重共線性が生じる．図中の各値には，有意性検定の結果も示してある．*** は 0.1%水準で有意，** は 1%水準で有意，* は 5%水準で有意である．なお，年収から将来不安に両方矢印ではなく片方矢印を引くというように，より柔軟に矢印を引いて分析する **パス解析**（path analysis）という手法もある．

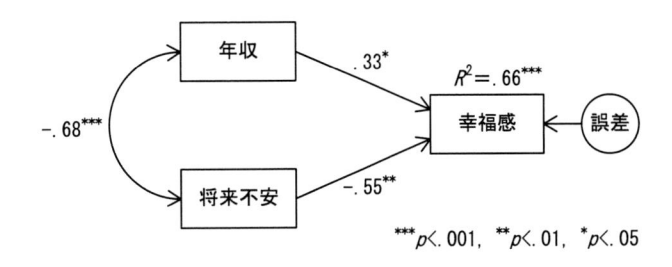

図 13.3: 今回の重回帰分析のパス図

13.5 予測

推定された回帰式により，幸福感を調べていない人でも，年収と将来不安がわかればその人の幸福感の予測値を得ることができる．今回の事例ではそのような目的で使うことはないだろうが，例えば，表 13.2 のような外食チェーン店舗のデータがあり，月平均の売上を目的変数，店の面積と周辺の交通量を説明変数として重回帰分析を行って，次の回帰式

$$売上の予測値 = \beta_0 + \beta_{面積} \times 面積 + \beta_{交通量} \times 交通量 \tag{13.3}$$

が推定できたとする．それを使えば，計画段階の店舗でも，面積がわかっていて周辺の交通量も調査済みであれば，それらを代入して売上の予測値を得ることができる．

表 13.2: 外食チェーン店舗のデータ（架空）

店舗	売上	面積	周辺の交通量
	(月平均, 万円)	(坪)	(1 時間当たりの歩行者数)
A 店	812	40	150
B 店	925	45	236
C 店	753	43	218
⋮	⋮	⋮	⋮
T 店	756	38	124

13.6　多重共線性

　説明変数間にあまりに強い相関がある場合のように，ある説明変数がその他の説明変数の重み付け合計点でほとんどまたは完全に再現できてしまうと，重回帰分析で解が求まらなかったり不安定になって問題をひき起こす．この現象を **多重共線性**（multicollinearity）という．これを確かめる1つの方法は，説明変数ごとに次の **分散拡大要因**（variance inflation factor: VIF）

$$\text{説明変数 A の VIF} = \frac{1}{1 - R_A^2} \tag{13.4}$$

を求めることである．ここで R_A^2 は，A を目的変数，A 以外の説明変数を A に対する説明変数として重回帰分析を行ったときの決定係数である．一般に，これが 10 を超えるものがあると多重共線性が疑われる．図 13.2 中の一番下の出力が今回のデータの VIF である．今回は説明変数が年収と将来不安の2つなので，$R_{年収}^2$ も $R_{将来}^2$ も年収と将来不安の相関係数の2乗になる．多重共線性が生じている場合，該当する説明変数が残りの説明変数を使ってほとんどまたは完全に再現できてしまう．つまり，説明変数の中で情報が重複してしまう．そのため，多重共線性に対する対処法の1つは，該当する説明変数を除外することである．

13.7　変数選択

　今回の事例では，2つの説明変数をすべて回帰式に投入した．しかし実際の場面では，説明変数の候補の中から適切なものを選ぶという **変数選択**（variable selection）を行うこともある．これには，説明変数の候補のすべての組み合わせを試す総当たり法や，回帰式に投入する説明変数を段々増やしていく変数増加法（forward selection method），説明変数の候補を一旦すべて投入してから段々減らしていく変数減少法（backward elimination method），ステップワイズ法（stepwise method）がある．R には変数選択のための step 関数が用意されている．

13.8　質的データを説明変数に用いる場合

　重回帰分析では，目的変数は量的データ（間隔尺度，比尺度）に限るものの，説明変数としては量的データだけでなく質的データ（名義尺度，順序尺度）も扱うことができる．なお，重回帰分析は説明変数と目的変数の間に直線的関係を想定しているので，量的データであっても，それが大きいほど単調に目的変数が大きくなる（または小さくなる）という関係でなければ，いくつかの区間に区切って質的データとして扱った方がよい．例えば，今回のデータに説明変数として年齢を加えたとして，若年層と高齢層で幸福感が高く，中年層で幸福感が低くなるようなときは，年齢を 20 歳代以下，30 歳代，40 歳代といったいくつかの区間に区切って質的データとして扱うことが考えられる．

　今回のデータに説明変数として婚姻状況（既婚，未婚，離別（死別を含む））を追加することを考えてみよう．質的データを説明変数に用いる場合，そのままでは分析に投入できないので，**ダミー変数**（dummy variable）に変換する．ダミー変数は，特定のカテゴリーをとる場合は 1，それ以外なら 0 を与えるように作成する．今回は，既婚なら 1，それ以外なら 0 をとるダミー変数（既婚ダミー）と，未婚なら 1，それ以外なら 0 をとるダミー変数（未婚ダミー）を作成したとする（表 13.3 参照）．既婚ダミーで 0 かつ未婚ダミーで 0 をとる人は離別であるとわかるので，さらに離別のダミー変数を作成するとダミー変数間で情報が重複してしまう．したがって，カテゴリー数 − 1 個のダミー変数を作成する．なお，今回は離別をダミー変数の作成から除外したが，どのカテゴリーを除外するかは任意に決めてよい．

　あとはこれらのダミー変数を婚姻状況の代わりに投入して重回帰分析を行う．この場合の回帰式は次のようになる：

$$
\begin{aligned}
\text{幸福感の予測値} &= \beta_0 + \beta_{\text{年収}} \times \text{年収} + \beta_{\text{将来}} \times \text{将来不安} + \beta_{\text{既婚ダミー}} \times \text{既婚ダミー} \\
&\quad + \beta_{\text{未婚ダミー}} \times \text{未婚ダミー} \\
&= \beta_0 + \beta_{\text{年収}} \times \text{年収} + \beta_{\text{将来}} \times \text{将来不安} + \begin{cases} \beta_{\text{既婚ダミー}} & (\text{既婚の場合}) \\ \beta_{\text{未婚ダミー}} & (\text{未婚の場合}) \\ 0 & (\text{離別の場合}) \end{cases}
\end{aligned}
$$

つまり，既婚者なら $\beta_{\text{既婚ダミー}} \times 1$ が幸福感の予測値に加わり，それ以外なら $\beta_{\text{既婚ダミー}} \times 0$，つまり 0 が加わることになる．ただし，既婚者以外でも未婚者なら，$\beta_{\text{未婚ダミー}} \times 1$ だけ加わり，それ以外（つまり離別）なら $\beta_{\text{未婚ダミー}} \times 0$，つまり 0 が加わることになる．

ダミー変数に対する偏回帰係数については，相対的な解釈をしなければならない．例えば，$\beta_{\text{既婚ダミー}}$ の推定値が 0.3，$\beta_{\text{未婚ダミー}}$ の推定値が 0.1 だったとする．このとき，他の説明変数が一定とすると，離別と既婚では幸福感の予測値が 0.3 違うことがわかる．また，他の説明変数が一定とすると，離別と未婚では幸福感の予測値が 0.1 違うことがわかる．

表 13.3: 幸福感，年収，将来不安，婚姻状況のデータ（架空）

ID	幸福感	年収（単位：100万円）	将来不安	婚姻状況	既婚ダミー	未婚ダミー
1	3	5.0	2	既婚	1	0
2	3	4.5	4	未婚	0	1
3	5	7.0	1	離別	0	0
⋮	⋮	⋮	⋮	⋮	⋮	⋮
30	1	2.5	5	未婚	0	1

第14章 ロジスティック回帰分析

13章で解説した重回帰分析は，目的変数が量的データの場合の方法であった．本章で解説する **ロジスティック回帰分析**（logistic regression analysis）は，目的変数が質的データの場合の方法の1つである．ここでは，目的変数が2値（カテゴリー数が2）である場合に絞って見ていく．本章ではまず，この方法を理解するために必要な予備知識を説明してから，この方法の基本的事項を解説する．なお，この方法に関する詳細な理論や実際の使われ方については，例えば，丹後・高木・山岡（1996）に詳しい．

14.1 予備知識

14.1.1 対数と指数

底（base）を a とした **対数**（logarithm）$\log_a x$ は，a を何乗したら x になるかを示す．例えば，底を10としたとき，$10^2 = 100$, $10^0 = 1$ なので，

$$\log_{10} 100 = 2, \qquad \log_{10} 1 = 0$$

である．特に，底を10とした対数は常用対数（common logarithm）と呼ばれる．対数に変換すると，乗法が加法，除法が減法になる：

$$\log_a(xy) = \log_a x + \log_a y, \qquad \log_a\left(\frac{x}{y}\right) = \log_a x - \log_a y$$

対数をとる操作 $y = \log_a x$ と逆の操作は $x = a^y$ であり，a の肩に乗っている数字を **指数**（exponent）という．

底をネイピア数（Napier's constant）と呼ばれる $e = 2.71828\ldots$ という特殊な定数にしたときの対数は **自然対数**（natural logarithm）という．自然対数は $\ln x$ とも表記される．自然対数をとる操作 $y = \ln x$ の逆の操作は $x = e^y$ で，$\exp(y)$ とも表記される．これらの関係は次のように書ける：

$$y = \ln x \iff x = \exp(y)$$

これらによる関数を図示すると図14.1のようになる．

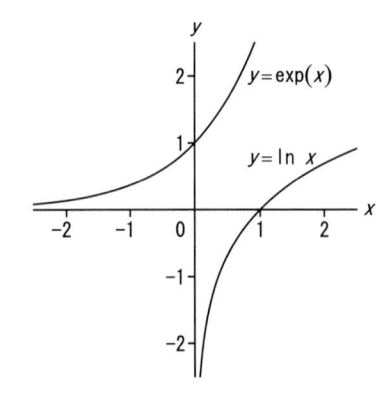

図14.1: 対数関数と指数関数

14.1.2 オッズとオッズ比

ある事象が起こる確率を p とすると，その事象が起こる確率と起こらない確率の比

$$\text{オッズ} = \frac{p}{1-p} \tag{14.1}$$

を **オッズ**（odds）という．例えば，12章で扱った性別と文理選択のデータ

	文系	理系	合計
男性	7	9	16
女性	18	6	24

で，事象を"理系を選択"とすると，男性と女性におけるオッズはそれぞれ次のようになる：

$$\text{男性におけるオッズ} = \frac{9/16}{7/16} \fallingdotseq 1.29$$

$$\text{女性におけるオッズ} = \frac{6/24}{18/24} \fallingdotseq 0.33$$

ある群ともう1つの群でオッズの比をとったものを **オッズ比**（odds ratio）という．A群においてある事象が起こる確率を p_a，B群においてその事象が起こる確率を p_b とすると，B群に対するA群のオッズ比は

$$\text{B群に対するA群のオッズ比} = \frac{p_a/(1-p_a)}{p_b/(1-p_b)} \tag{14.2}$$

と書ける．先の例で，女性に対する男性のオッズ比は次のようになる：

$$\text{女性に対する男性のオッズ比} = \frac{\text{男性におけるオッズ}}{\text{女性におけるオッズ}} = \frac{\frac{9/16}{7/16}}{\frac{6/24}{18/24}} \fallingdotseq 3.86$$

14.2 モデル

問題 表14.1は，ある資格試験の受験者40名の，合否，勉強時間，ある講座を受講したかどうかのデータ（架空）である．このデータを使って，合格するかしないかを，"勉強時間"と"講座の受講の有無"を使って説明したい．

表 14.1: ある資格試験の受験者のデータ（架空）

ID	合否	勉強時間	受講有無
	1:合格 0:不合格	（時間）	1:有 0:無
1	1	33	0
2	1	24	1
⋮	⋮	⋮	⋮
40	0	23	0

受講有無のような質的データの説明変数については，13.8節で述べたようにダミー変数を作成し，それを分析に用いる．今回は受講有無について，表14.1のように有なら1，そうでない（無）なら0をとるダミー変数を作成した．なお，無なら1，有なら0としてもよい．また，量的データであっても，それが高い（または低い）ほど目的変数が特定のカテゴリーをよくとる（今回なら合格する）という関係でなければ，いくつかの区間に区切って質的データとした方がよい．

ロジスティック回帰分析でも重回帰分析のように，説明変数の重み付け合計点を考える．今回の場合，

$$Z = \beta_0 + \beta_{時間} \times 勉強時間 + \beta_{受講} \times 受講有無$$
$$= \beta_0 + \beta_{時間} \times 勉強時間 + \begin{cases} \beta_{受講} & (受講有の場合) \\ 0 & (受講無の場合) \end{cases} \tag{14.3}$$

となる．ここで，受講有無は有なら 1 で無なら 0 をとるので，受講有なら $\beta_{受講} \times 1 = \beta_{受講}$ が加わり，受講無なら $\beta_{受講} \times 0 = 0$ が加わることになる．この Z を使って，(モデル上の) 合格する確率 $p(合格)$ を表現したいのだが，Z のままではいくらでも大きくも小さくもなるので都合が悪い．そこで，次の関数を利用して表現する：

$$p(合格) = \frac{1}{1 + \exp(-Z)} \tag{14.4}$$

この関数を **ロジスティック関数** (logistic function) という．この関数の値は 0 〜 1 の範囲に収まるので，確率を表すのに都合がいい．このとき，Z が大きくなれば，$-Z$ が小さくなる → 分母の $1 + \exp(-Z)$ が小さくなる → $p(合格) = \frac{1}{1+\exp(-Z)}$ が大きくなる．したがって，$\beta_{時間}$ がプラスならば，勉強時間が長いと Z が大きくなるので，勉強時間は合格する確率を高める方向に働く．$\beta_{受講}$ がプラスならば，受講無より受講有の方が Z が大きくなるので，その講座の受講は合格する確率を高める方向に働く．

(14.4) 式を変形すれば次式が得られる：

$$\ln\left(\frac{p(合格)}{1 - p(合格)}\right) = Z = \beta_0 + \beta_{時間} \times 勉強時間 + \beta_{受講} \times 受講有無 \tag{14.5}$$

(14.5) 式の左辺を確率 $p(合格)$ の **ロジット** (logit) という．これはオッズの対数に当たる．

ロジスティック関数を示した図 14.2 より，合格する確率を 0.8 から 0.9 に上げるためには，0.5 から 0.6 に上げるよりも大きく Z を増加させる必要がある．このように，ロジスティック関数は同じ 0.1 だけ上げるにしても，元が小さいか大きい場合は Z を大きく増加させないといけないが，元が中程度だと Z を少し増加させるだけでよい．これは，数学がとても苦手な生徒が数学の成績を上げていく過程に例えることができよう．最初は非常に苦労して努力してもなかなか上がらないが，コツをつかんでくるとグングンと向上していき，しかしある程度のレベルまでいくと，さらに向上させるにはかなりの労力が必要になるだろう．

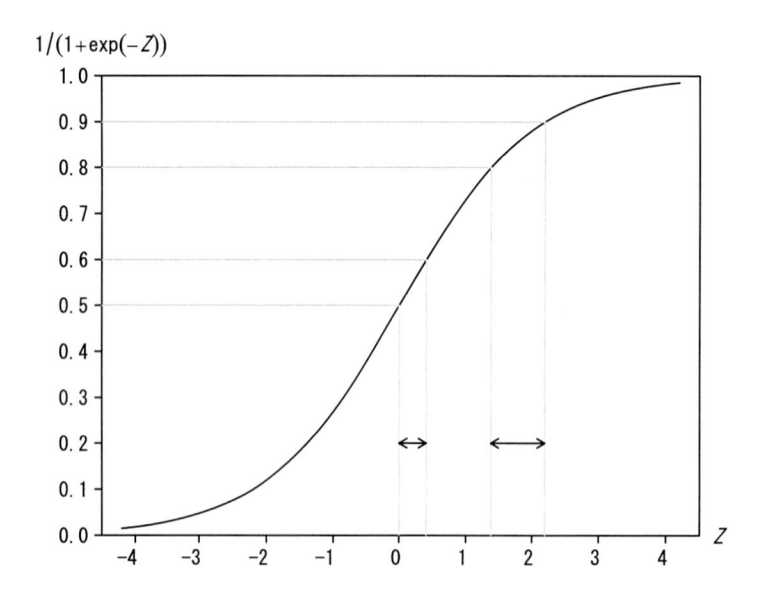

図 14.2: ロジスティック関数

14.3 偏回帰係数

14.3.1 意味

(母集団の) 偏回帰係数 (今回の問題では $\beta_{時間}$, $\beta_{受講}$) の意味を考えてみよう．例えば，勉強時間が 33 時間で講座を受講しなかった被験者 1 の対数オッズは (14.7) 式，被験者 1 が 1 時間多く勉強したときの対数オッズは (14.6) 式となる．(14.6) 式の両辺から (14.7) 式の両辺をそれぞれ引くと，(14.8) 式が得られる．さらに両辺の対数をはずすと (14.9) 式となる：

$$\ln\left(\frac{p(被験者1が1時間多く勉強して合格)}{1-p(被験者1が1時間多く勉強して合格)}\right) = \beta_0 + \beta_{時間} \times (33+1) + \beta_{受講} \times 0 \quad (14.6)$$

$$\ln\left(\frac{p(被験者1が合格)}{1-p(被験者1が合格)}\right) = \beta_0 + \beta_{時間} \times 33 + \beta_{受講} \times 0 \quad (14.7)$$

$$\ln\left(\frac{\frac{p(被験者1が1時間多く勉強して合格)}{1-p(被験者1が1時間多く勉強して合格)}}{\frac{p(被験者1が合格)}{1-p(被験者1が合格)}}\right) = \beta_{時間} \quad (14.8)$$

$$\frac{\frac{p(被験者1が1時間多く勉強して合格)}{1-p(被験者1が1時間多く勉強して合格)}}{\frac{p(被験者1が合格)}{1-p(被験者1が合格)}} = \exp(\beta_{時間}) \quad (14.9)$$

これより，$\exp(\beta_{時間})$ は，他の説明変数 (今回なら受講有無) を変えずに勉強時間が 1 単位 (ここでは 1 時間) 多くなったらオッズが何倍になるかというオッズ比を表している．もし $\beta_{時間}$ がプラス，したがって $\exp(\beta_{時間})$ が 1 より大きければ，勉強時間が 1 時間多くなるとオッズが大きくなるので，勉強時間は合格する方向に働く．もし $\beta_{時間}$ がマイナス，したがって $\exp(\beta_{時間})$ が 1 より小さければ，勉強時間が 1 時間多くなるとオッズがかえって小さくなってしまうので，勉強時間は不合格の方向に働く．もし $\beta_{時間}$ が 0，したがって $\exp(\beta_{時間})$ が 1 ならば，勉強時間が 1 時間多くなってもオッズは変わらないので，(受講有無が変わらないとき) 勉強時間は合格の方向にも不合格の方向にも働かない．

同様に，講座を受講しなかった被験者 1 が講座を受講したときの対数オッズは (14.10) 式となり，その両辺から，被験者 1 の対数オッズを示した (14.11) 式の両辺をそれぞれ引くと，(14.12) 式が得られる．さらに両辺の対数をはずすと (14.13) 式となる：

$$\ln\left(\frac{p(被験者1が受講して合格)}{1-p(被験者1が受講して合格)}\right) = \beta_0 + \beta_{時間} \times 33 + \beta_{受講} \times 1 \quad (14.10)$$

$$\ln\left(\frac{p(被験者1が合格)}{1-p(被験者1が合格)}\right) = \beta_0 + \beta_{時間} \times 33 + \beta_{受講} \times 0 \quad (14.11)$$

$$\ln\left(\frac{\frac{p(被験者1が受講して合格)}{1-p(被験者1が受講して合格)}}{\frac{p(被験者1が合格)}{1-p(被験者1が合格)}}\right) = \beta_{受講} \quad (14.12)$$

$$\frac{\frac{p(被験者1が受講して合格)}{1-p(被験者1が受講して合格)}}{\frac{p(被験者1が合格)}{1-p(被験者1が合格)}} = \exp(\beta_{受講}) \quad (14.13)$$

これより，$\exp(\beta_{受講})$ は，他の説明変数 (今回なら勉強時間) を変えずに受講無 (受講有無＝ 0) の人が受講有 (受講有無＝ 1) になったらオッズが何倍になるかというオッズ比を表している．もし $\beta_{受講}$ がプラス，したがって $\exp(\beta_{受講})$ が 1 より大きければ，受講無が受講有になるとオッズが大きくなるので，その講座の受講は合格する方向に働く．もし $\beta_{受講}$ がマイナス，したがって $\exp(\beta_{受講})$ が 1 より小さければ，受講無が受講有になるとオッズがかえって小さくなってしまうので，その講座の受講は不合格の方向に働く．もし $\beta_{受講}$ が 0，したがって $\exp(\beta_{受講})$ が 1 ならば，受講無が受講有になってもオッズは変わらないので，(勉強時間が変わらないとき) その講座の受講は合格の方向にも不合格の方向にも働かない．

図 14.3 に今回の問題でロジスティック回帰分析を R で行う際のスクリプト例を，図 14.4 にその出力を示す．

```
data14.2 <- data.frame(
    合否 =     c( 1, 1, 1, 1, 1, 1, 1, 1, 1, 1, 1, 1, 1, 1, 1, 1, 1, 1, 1, 1,
                 1, 1, 0, 0, 0, 0, 0, 0, 0, 0, 0, 0, 0, 0, 0, 0, 0, 0, 0, 0),
    勉強時間 = c(33,24,26,28,28,21,28,24,25,30,29,27,31,32,25,22,30,26,27,29,
                 31,25,18,24,15,22,25,20,16,18,24,14,25,19,21,23,28,19,26,23),
    受講有無 = c( 0, 1, 1, 1, 1, 1, 1, 0, 0, 1, 1, 1, 0, 0, 1, 1, 1, 0, 1, 0,
                 1, 1, 0, 0, 1, 0, 0, 0, 1, 0, 1, 1, 0, 0, 0, 1, 0, 1, 1, 0))
n       <- dim(data14.2)[1]   # 標本サイズ
result <- glm(合否 ~ 勉強時間 + 受講有無, data=data14.2, family=binomial(link="logit"))
summary(result)
(expb <- exp(result$coef))                       # exp(βの推定値)
(G2   <- result$null.dev - result$dev)           # 尤度比検定におけるG^2の値
1 - pchisq(G2, df=length(expb)-1)                # 尤度比検定におけるp値
(CSR2 <- 1-exp(-G2/n))                           # Cox & SnellのR2乗
(NR2  <- CSR2 / (1-exp(-result$null.dev/n)))     # NagelkerkeのR2乗
```

図 14.3: R によるロジスティック回帰分析のスクリプト例

```
Call:
glm(formula = 合否 ~ 勉強時間 + 受講有無, family = binomial(link = "logit"),
    data = data14.2)

Deviance Residuals:
    Min      1Q   Median       3Q      Max
-2.0385  -0.3973   0.1853   0.4313   1.6475

Coefficients:
            Estimate Std. Error z value Pr(>|z|)
(Intercept) -13.7307     4.3735  -3.140  0.00169 **
勉強時間      0.5280     0.1713   3.083  0.00205 **
受講有無      1.9475     0.9869   1.973  0.04846 *
---
Signif. codes:  0 '***' 0.001 '**' 0.01 '*' 0.05 '.' 0.1 ' ' 1

(Dispersion parameter for binomial family taken to be 1)

    Null deviance: 55.051  on 39  degrees of freedom
Residual deviance: 28.017  on 37  degrees of freedom
AIC: 34.017

Number of Fisher Scoring iterations: 6

> (expb <- exp(result$coef))                       # exp(βの推定値)
  (Intercept)      勉強時間      受講有無
1.088513e-06 1.695478e+00 7.011147e+00
> (G2   <- result$null.dev - result$dev)           # 尤度比検定におけるG^2の値
[1] 27.03441
> 1 - pchisq(G2, df=length(expb)-1)                # 尤度比検定におけるp値
[1] 1.347571e-06
> (CSR2 <- 1-exp(-G2/n))                           # Cox & SnellのR2乗
[1] 0.4912814
> (NR2  <- CSR2 / (1-exp(-result$null.dev/n)))     # NagelkerkeのR2乗
[1] 0.6572474
```

図 14.4: R によるロジスティック回帰分析の出力

図 14.4 中の"Coefficients"の"Estimate"の"(Intercept)"が β_0 の推定値，"勉強時間"と"受講有無"がそれぞれ $\beta_{時間}$，$\beta_{受講}$ の推定値で，"exp(β の推定値)"が exp(β_0の推定値)，exp($\beta_{時間}$の推定値)，exp($\beta_{受講}$の推定値) である．これより，受講有無が変わらないとして勉強時間が 1 時間増えたら，オッズが約 1.7 倍になることがわかる．さらに，勉強時間が変わらないとして受講無が受講有になったら，オッズが約 7 倍になることがわかる．

14.3.2 有意性検定

ロジスティック回帰分析では，切片及び偏回帰係数の推定に **最尤法**（maximum likelihood method）が用いられる．この方法は，**尤度**（likelihood）[1]と呼ばれるものを最大にするように推定するものであり，これによる推定量の性質を使って，次のように偏回帰係数の有意性検定を行うことができる（この検定方法を**ワルド検定**（Wald test）という）．

ある説明変数 A に対する偏回帰係数の最尤法による推定量 $\hat{\beta}_A$ は，漸近的に，平均 β_A，分散 SE_A^2 の正規分布にしたがう．ここで，SE_A は $\hat{\beta}_A$ の標準誤差（standard error）という．したがって，次の帰無仮説

$$H_0 : \beta_A = 0 \tag{14.14}$$

が正しいとき，

$$z_A = \frac{\hat{\beta}_A}{\mathrm{SE}_A} \tag{14.15}$$

は漸近的に標準正規分布にしたがう．そこで，α を決め，標準正規分布上に α に対応する棄却域を設定して，手にしたデータから計算された z_A がそこに入っていれば帰無仮説を棄却して有意とする．通常は β_A がプラスのときもマイナスのときもどちらも関心があるので，両側に $\alpha/2$ 分の棄却域を設定する（両側検定）．また，このように標準正規分布を利用するのではなく，帰無仮説が正しいときに z_A^2 が漸近的に自由度 1 の χ^2 分布にしたがうことを利用する場合もある．この場合は，自由度 1 の χ^2 分布の上側に α 分の棄却域を設定して，手にしたデータから計算された z_A^2 がそこに入るか調べることになる．

図 14.4 中では，"Coefficients"の"Std. Error"が標準誤差，"z value"が (14.15) 式による値，"Pr(>|z|)"がこの検定における p 値である．今回は，勉強時間では 1%水準で有意，受講有無では 5%水準で有意であることがわかる．

なお，この検定の原理を利用して，β_A の信頼区間を求めることもできる．得られた $100 \times (1-\alpha)$%信頼区間の中に 0 がなければ，上述の有意性検定で少なくとも 100α%水準で有意となる．例えば，得られた 95%信頼区間の中に 0 がなければ，有意性検定で少なくとも 5%水準で有意となる．また，β_A ではなくオッズ比を表す $\exp(\beta_A)$ の信頼区間を求めることもよく行われる．$\beta_A = 0$ のとき $\exp(\beta_A) = 1$ なので，これについては $100 \times (1-\alpha)$%信頼区間の中に 1 がなければ，有意性検定で少なくとも 100α%水準で有意となる．

14.4　モデルの適合度

14.4.1　AIC

モデルの適合度を表す指標の 1 つに，**AIC**（Akaike's Information Criterion）がある．ロジスティック回帰分析では，AIC は

$$\mathrm{AIC} = -2 \times \ln 最大尤度 + 2 \times (説明変数の数 + 1) \tag{14.16}$$

と計算される．AIC が小さいモデルほど当てはまりがよい．ただし，他のモデル（例えば一部の説明変数を除外したもの）と比べてどうか，という相対的な解釈をしなければならない．なお，説明変数が増えると，最大尤度は大きくなるので $-2 \times \ln 最大尤度$ が小さくなるが，一方で $2 \times 説明変数の数$ が大きくなる．AIC では，最大尤度が同程度なら説明変数の数が少ないシンプルなモデルの方がよいと判断されることになる．図 14.4 の中ほどより，今回のモデルの AIC は 34.017 であることがわかる．

---

[1] 手にしたデータが当該モデルの下で得られる確率を，パラメーター（今回の場合，β_0，$\beta_{時間}$，$\beta_{受講}$）の関数とみなしたもの．

14.4.2 尤度比検定

ここでは，すべての説明変数の（母集団の）偏回帰係数が 0 であるという帰無仮説，今回の問題なら

$$H_0: \beta_{時間} = \beta_{受講} = 0 \tag{14.17}$$

について検定することを考えよう．これに利用できる方法の 1 つに **尤度比検定**（likelihood ratio test）がある．この検定では，今回のモデルに (14.17) 式の制約を課したモデル，つまり (14.3) 式が $Z = \beta_0$ になる"切片モデル"も考える．そして，この帰無仮説の下では，

$$G^2 = -2\ln\left(\frac{切片モデルの最大尤度}{今回のモデルの最大尤度}\right) \tag{14.18}$$

が，自由度が

$$自由度 = 説明変数の数$$

の χ^2 分布に漸近的にしたがうことを利用する．つまり，手にしたデータから計算された G^2 がこの分布の上側に設けた棄却域に入っていれば，帰無仮説を棄却して有意とする．図 14.4 の下部に示した "尤度比検定における p 値" より，今回は 0.1%水準で有意であることがわかる．

14.4.3 擬似決定係数

重回帰分析では決定係数を定義できた（13.3 節参照）が，ロジスティック回帰分析ではそれができない．だが，この方法でも定義できる **疑似決定係数**（pseudo R-squared）が提案されている．その 1 つが Cox & Snell の R^2（Cox & Snell's R-squared）で，この方法では

$$\text{Cox \& Snell の } R^2 = 1 - \left(\frac{切片モデルの最大尤度}{今回のモデルの最大尤度}\right)^{2/n} \tag{14.19}$$

と定義される．ここで，n は被験者数である．この指標の最大値は 1 にならないので，そうなるように調整したものが Nagelkerke の R^2（Nagelkerke's R-squared）で，この方法では

$$\text{Nagelkerke の } R^2 = \frac{\text{Cox \& Snell の } R^2}{1 - 切片モデルの最大尤度^{2/n}} \tag{14.20}$$

と定義される．図 14.4 の下部に，今回の分析におけるこれらの指標が示してある．

第15章 因子分析

13章で解説した重回帰分析では，観測変数の間に影響する，される，という関係を考えた．本章で取り上げる **因子分析**（factor analysis）では，観測変数間にはそのような関係を考えないが，観測変数はその背後に潜んでいる **共通因子**（common factor）（単に因子と呼ばれることもある）に影響されていると考える．さらに，観測変数の中で高い相関があるものは同じ共通因子に強く影響されていると考える．因子分析は，観測変数の情報からこの共通因子を抽出する分析手法である．なお，因子分析には探索的因子分析（exploratory factor analysis）と確証的因子分析（confirmatory factor analysis）があり，ここで取り上げるのは前者である．

15.1 概要

図 15.1 に因子分析の概念図を示す．図中，四角は観測変数，楕円や円は実際に観測されない **潜在変数**（latent variable）を表す．ここでは，観測変数として国語，英語，社会，体育，数学，物理，化学の得点が得られているとする（架空）．この図から次のことがわかる：

1. 国語と英語と社会は因子1から太い矢印を受けており，この因子に強く影響される．

2. 国語と英語と社会は因子2からは細い矢印しか受けておらず，この因子にほとんど影響されない．

3. 数学と物理と化学は因子2から太い矢印を受けており，この因子に強く影響される．

4. 数学と物理と化学は因子1からは細い矢印しか受けておらず，この因子にほとんど影響されない．

5. 体育は両因子から細い矢印しか受けておらず，両因子にほとんど影響されない．

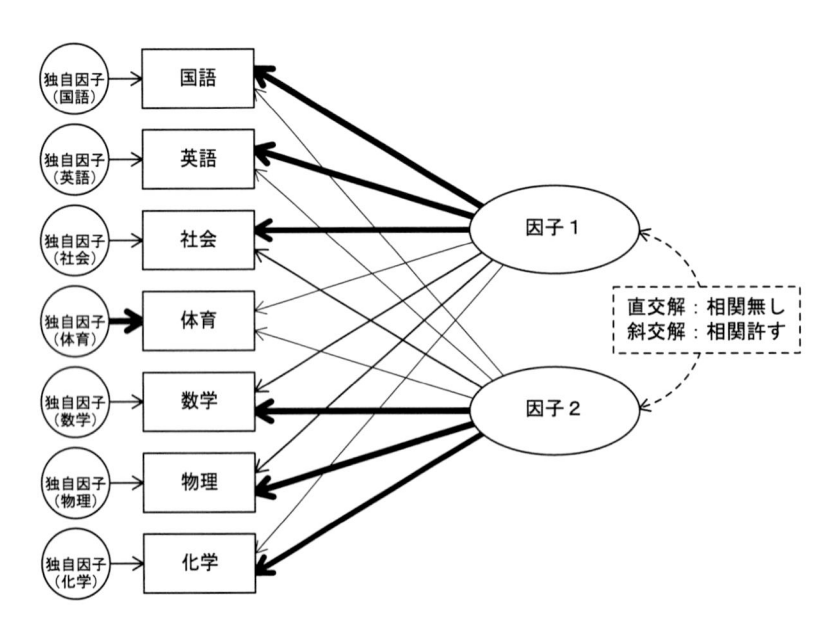

図 15.1: 因子分析の概念図

各観測変数はこのように各共通因子から大なり小なり影響を受けるが，これらで説明しきれない部分をそれぞれの **独自因子**（unique factor）が説明する．図 15.1 から独自因子について次のことがわかる：

1. 国語，英語，社会，数学，物理，化学は，因子 1 または因子 2 から強い影響を受けているので，独自因子からの矢印は細い．

2. 体育はいずれの共通因子からも細い矢印しか受けていない代わりに，独自因子から太い矢印を受けている．

体育はいずれの共通因子ともほとんど関係がなく，大部分が独自因子に支配されている．この体育のような観測変数については，除外して因子分析をやり直すことになるだろう．

共通因子間の関係については，2 通りのパターンがある．**直交解**（orthogonal solution）の場合は共通因子間に相関がない．**斜交解**（oblique solution）の場合は相関があってもよい．直交解か斜交解かは，回転法（回転については 15.2 節で詳説）を **直交回転**（orthogonal rotation）か **斜交回転**（oblique rotation）のどちらにするかによる．回転法はいくつかあり，直交回転の代表的方法に **バリマックス回転**（varimax rotation），斜交回転の代表的方法に **プロマックス回転**（promax rotation）がある．

各因子の強さは被験者ごとに異なる（ある被験者は因子 1 が高くて因子 2 が低いなど）．この各被験者がもつ因子の強さを **因子得点**（factor score）という．ある被験者 A さんの（平均 0 分散 1 に標準化された）国語の得点がどう決まるかを式で表すと，次のようになる：

$$\begin{aligned}標準化された A さんの国語の得点 =\ & 負荷量_{因子1\to 国語} \times A さんの因子 1 の因子得点\\& + 負荷量_{因子2\to 国語} \times A さんの因子 2 の因子得点 \quad (15.1)\\& + 負荷量_{独自(国語)\to 国語} \times A さんの独自因子(国語) の因子得点\end{aligned}$$

(15.1) 式中の "負荷量" は，**因子負荷量**（factor loading）と呼ばれる．因子負荷量は因子から観測変数への影響の方向と強さを表し，図 15.1 では，その絶対値が因子から観測変数への矢印の太さに対応する．因子負荷量がプラスだと，その因子の因子得点が高いとその観測変数も高くなり，マイナスだと，その因子の因子得点が高いとその観測変数は低くなる．

この因子負荷量は 15.3 節で述べる "因子の解釈" の際に重要になる．今回の因子負荷量（表 15.1）より，因子 1 に高い負荷をもつのが国語と英語と社会で，すべてプラスの負荷なので，因子 1 は文系能力，因子 2 に高い負荷をもつのが数学と物理と化学で，すべてプラスの負荷なので，因子 2 は理系能力を表すと解釈できるだろう．

表 15.1: 図 15.1 における因子負荷量，共通性，因子寄与（直交解の場合，いずれも架空）

	因子 1	因子 2	共通性
国語	**0.8**	0.1	$0.8^2 + 0.1^2 = 0.65$
英語	**0.8**	0.1	$0.8^2 + 0.1^2 = 0.65$
社会	**0.7**	0.2	$0.7^2 + 0.2^2 = 0.53$
体育	0.1	-0.1	$0.1^2 + (-0.1)^2 = 0.02$
数学	0.2	**0.8**	$0.2^2 + 0.8^2 = 0.68$
物理	0.2	**0.8**	$0.2^2 + 0.8^2 = 0.68$
化学	0.1	**0.7**	$0.1^2 + 0.7^2 = 0.50$
因子寄与	$0.8^2 + 0.8^2 + 0.7^2 + 0.1^2$ $+ 0.2^2 + 0.2^2 + 0.1^2 = 1.87$	$0.1^2 + 0.1^2 + 0.2^2 + (-0.1)^2$ $+ 0.8^2 + 0.8^2 + 0.7^2 = 1.84$	
因子寄与率	$1.87/7 \fallingdotseq 0.27$	$1.84/7 \fallingdotseq 0.26$	

各観測変数がどれだけ共通因子全体から影響されているかを表す指標が **共通性**（communality）である．直交解の場合，これは，各共通因子からその観測変数への因子負荷量を 2 乗して合計したものである．表 15.1 中の体育はこの共通性が小さいことがわかる．1 から共通性を引いたものは **独自性**（uniqueness）といい，独自因子から受ける影響の程度を表す．

各共通因子が観測変数全体にどれだけ影響しているかを表す指標が，**因子寄与**（contribution of factor）である．直交解の場合，これは，その共通因子から各観測変数への因子負荷量を2乗して合計したものである．これを観測変数の数で割ったもの（％で表したければその100倍）を**因子寄与率**といい，全観測変数の分散のうち，その共通因子が説明する割合を表す．斜交解の場合はこれらを単純には定義できない．

15.2 分析事例

表15.2は，無作為に選ばれた大学生に対して，就職する企業を選ぶ際のいくつかのポイントについて，どれほど気にするかを尋ねた結果（架空）である．項目q01〜q12は，「雰囲気がいい」，「馴染みやすい」，「社風が自分に合っている」などで，回答は「とても気にする」(5)〜「全く気にしない」(1)の5段階である．

表15.2: 就職する企業を選ぶポイントの評定データ（架空）

ID	q01	q02	q03	q04	q05	⋯	q12
1	3	4	3	5	5	⋯	2
2	5	5	4	3	4	⋯	3
3	4	5	5	5	5	⋯	4
⋮	⋮	⋮	⋮	⋮	⋮	⋱	⋮
24	3	3	4	5	5	⋯	3

このデータに対する因子分析のスクリプト例を図15.3に示す．Rには因子分析のための組み込み関数として"factanal"がある．因子分析で因子を抽出するには，**主因子法**（principal factor method），最小2乗法，最尤法など，いくつかの方法がある．factanal関数では最尤法を実行する．

抽出する因子の数は分析者が決める．factanal関数では因子数を引数に指定しなければならない．因子数を決めるにはいくつかの基準があるが，その代表的なものは，全変数の相関係数からなる行列の**固有値**（eigenvalue）が1以上という基準である．固有値は大きなものから順に観測変数の数だけ計算され，それが1以上のものの個数を因子数とするのである．また，固有値を折れ線グラフにした**スクリープロット**（scree plot）も手がかりになる．スクリープロットでは，最初の数個で急激に減少し，その後は最後まで徐々に減少していくことがある．そこで，折れ線がなだらかになる直前の固有値の個数を因子数にするという基準がある．こういったテクニカルな基準に加え，その因子数の結果で因子をうまく解釈できるかどうかという解釈可能性も重要である．因子分析は通常一度だけで終わることはなく，因子数を変えたり不要な項目を除外したりして何度も行うことが多い．

図15.2は図15.3のスクリプトによるスクリープロット，図15.4はその出力結果である．図15.2を見ると，折れ線が4から5にかけてガクンと落ちて，その後は比較的なだらかになっていることがわかる．図15.4中の一番上の出力は固有値で，初めの4つが

3.0664023, 2.7767555, 2.0917253, 1.4785153

であり，その次が

0.6561368

なので，1以上の固有値は4つであることがわかる．これらより，ここでは因子数として4がよさそうであることがわかる．

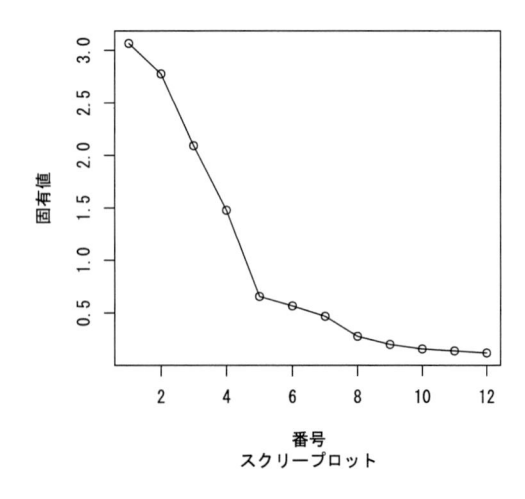

図15.2: Rによるスクリープロット

```
data14.2 <- matrix(c(
        # q01 q02 q03 q04 q05 q06 q07 q08 q09 q10 q11 q12
          3,  4,  3,  5,  5,  4,  3,  3,  4,  2,  1,  2,
          5,  5,  4,  3,  4,  2,  5,  5,  4,  4,  5,  3,
          4,  5,  5,  5,  5,  4,  1,  2,  2,  3,  3,  4,
          3,  4,  4,  5,  5,  4,  3,  2,  2,  3,  3,  2,
          3,  4,  4,  4,  4,  2,  5,  4,  4,  4,  2,  3,
          4,  4,  4,  5,  5,  4,  3,  2,  4,  3,  3,  3,
          2,  3,  3,  3,  4,  2,  2,  3,  2,  3,  3,  3,
          3,  4,  4,  5,  5,  2,  2,  2,  3,  4,  3,  3,
          2,  3,  3,  5,  5,  4,  3,  2,  2,  4,  3,  3,
          5,  5,  5,  4,  5,  5,  2,  3,  3,  3,  4,  3,
          4,  4,  5,  5,  4,  5,  5,  4,  4,  4,  3,  4,
          4,  5,  5,  5,  5,  4,  1,  2,  3,  3,  3,  3,
          2,  3,  3,  4,  2,  2,  2,  2,  3,  3,  4,  3,
          4,  4,  5,  2,  2,  3,  3,  3,  3,  2,  2,  3,
          3,  4,  3,  3,  2,  2,  2,  3,  1,  5,  5,  5,
          5,  4,  5,  4,  4,  2,  3,  4,  2,  3,  3,  3,
          2,  2,  4,  5,  5,  5,  2,  3,  2,  5,  3,  2,
          3,  3,  4,  3,  3,  3,  1,  1,  1,  2,  3,  3,
          2,  2,  2,  4,  4,  3,  4,  3,  3,  5,  4,  4,
          3,  3,  2,  5,  4,  2,  3,  4,  4,  4,  4,  3,
          3,  4,  4,  4,  5,  4,  4,  4,  4,  2,  4,  3,
          3,  4,  4,  3,  3,  2,  5,  4,  4,  3,  3,  4,
          3,  4,  4,  4,  4,  2,  4,  4,  3,  3,  3,  3,
          3,  3,  4,  5,  5,  4,  3,  3,  3,  2,  2,  3
), 24, 12, byrow=T)
dimnames(data14.2) <- list(
        seq(24),                                  # 変数のラベルを設定
        c(
                "q01.雰囲気がいい",
                "q02.馴染みやすい",
                "q03.社風が自分に合っている",
                "q04.自分が成長できる",
                "q05.良い経験がつめる",
                "q06.教育・研修制度が整っている",
                "q07.自分のやりたいことができる",
                "q08.自分の能力を生かせる",
                "q09.やりがいのある仕事ができる",
                "q10.組織の規模が大きい",
                "q11.知名度がある",
                "q12.経営基盤がしっかりしている"
        )
)
C <- cor(data14.2)          # 全観測変数の相関行列を計算
(eigv <- eigen(C)$values)   # 相関行列から固有値を計算し表示
plot(eigv, xlab="番号", ylab="固有値", sub="スクリープロット")  # スクリープロット
lines(eigv)                                   # スクリープロットを折れ線で結ぶ
# 因子分析を実行して表示(因子数=4, プロマックス回転, 因子得点を回帰法により計算)
(out.fa <- factanal(data14.2, factors=4, rotation="promax", scores="regression"))
```

図 15.3: R による因子分析のスクリプト例

```
> C <- cor(data14.2)            # 全観測変数の相関行列を計算
> (eigv <- eigen(C)$values)     # 相関行列から固有値を計算し表示
 [1] 3.0664023 2.7767555 2.0917253 1.4785153 0.6561368 0.5665599
 [7] 0.4674635 0.2778785 0.2009541 0.1579427 0.1394683 0.1201978
> plot(eigv, xlab="番号", ylab="固有値", sub="スクリープロット") # スクリープロット
> lines(eigv)                                        # スクリープロットを折れ線で結ぶ
> # 因子分析を実行して表示(因子数=4, プロマックス回転, 因子得点を回帰法により計算)
> (out.fa <- factanal(data14.2, factors=4, rotation="promax", scores="regression"))

Call:
factanal(x = data14.2, factors = 4, scores = "regression", rotation = "promax")

Uniquenesses:
      q01.雰囲気がいい                q02.馴染みやすい
              0.080                         0.311
  q03.社風が自分に合っている          q04.自分が成長できる
              0.354                         0.140
     q05.良い経験がつめる   q06.教育・研修制度が整っている
              0.261                         0.567
q07.自分のやりたいことができる       q08.自分の能力を生かせる
              0.135                         0.236
 q09.やりがいのある仕事ができる       q10.規模が大きい
              0.362                         0.291
       q11.知名度がある    q12.経営基盤がしっかりしている
              0.427                         0.609

Loadings:
                              Factor1 Factor2 Factor3 Factor4
q01.雰囲気がいい                0.962
q02.馴染みやすい                0.828
q03.社風が自分に合っている      0.738           -0.108  -0.211
q04.自分が成長できる                    0.983           0.191
q05.良い経験がつめる            0.108   0.866
q06.教育・研修制度が整っている  0.155   0.574  -0.147
q07.自分のやりたいことができる                  0.932
q08.自分の能力を生かせる        0.150  -0.108   0.795   0.159
q09.やりがいのある仕事ができる          0.191   0.760  -0.162
q10.組織の規模が大きい         -0.177   0.338           0.861
q11.知名度がある                0.181                   0.749
q12.経営基盤がしっかりしている  0.153  -0.256           0.482

               Factor1 Factor2 Factor3 Factor4
SS loadings      2.320   2.281   2.133   1.683
Proportion Var   0.193   0.190   0.178   0.140
Cumulative Var   0.193   0.383   0.561   0.701

Factor Correlations:
        Factor1 Factor2 Factor3 Factor4
Factor1  1.0000 -0.0259 -0.1112  -0.185
Factor2 -0.0259  1.0000 -0.0683   0.420
Factor3 -0.1112 -0.0683  1.0000  -0.113
Factor4 -0.1853  0.4201 -0.1128   1.000

Test of the hypothesis that 4 factors are sufficient.
The chi square statistic is 14.44 on 24 degrees of freedom.
The p-value is 0.936
```

図 15.4: R による因子分析の出力

図 15.4 中の "Uniqueness" は独自性である．その次の "Loadings" は因子負荷量の行列である．因子負荷量のパターンは，実は 1 つに決まらない．そこで，できるだけ解釈がしやすいパターンになるように，回転という操作を施す．どんなパターンが解釈しやすいかというと，各観測変数はどれか 1 つの因子に対してのみ絶対値の高い因子負荷量をもち，他の因子に対しては絶対値の低い因子負荷量をもつような，白黒はっきりしたパターンである．このようなパターンを **単純構造**（simple structure）といい，この単純構造に近づけるように回転を行う．今回の結果は，回転法に斜交回転のプロマックス回転を指定したので，斜交解になる．直交解は斜交解に比べ，"因子間に相関がない" という制約がある分，話が単純になる．だが，この制約をかける積極的な理由がない場合は斜交回転を施した方がいいだろう．Loadings はこの回転のためにメリハリがきいているのがわかる．この中の空白の部分は絶対値が 0.1 未満であることを示す．なお，因子負荷量行列は **因子パターン行列**（factor pattern matrix）とも呼ばれる．Loadings の下の "SS Loadings" は因子負荷量を 2 乗して縦に合計したもの，"Proportion Var" はそれを観測変数の数で割ったもの，"Cumulative Var" は "Proportion Var" を累積したものである．直交解の場合なら，それぞれ因子寄与，因子寄与率，累積因子寄与率を示す．また，斜交解では因子間に相関を許すので，因子間相関行列（図中では "Factor Correlations"）も出力される．

今回の因子パターン行列では，どの項目もいずれかの因子と絶対値の高い因子負荷量をもっている．実際の研究では，どの因子とも因子負荷量の絶対値があらかじめ決めた基準（例えば 0.4）より小さいような項目や，複数の因子に対して絶対値が決めた基準より高い因子負荷量をもつ項目を除外して因子分析をやり直すことがよく行われる．今回はそのような項目はなさそうである．今回の結果では，基準を 0.4 以上とすると，q01, q02, q03 は第 1 因子，q04, q05, q06 は第 2 因子，q07, q08, q09 は第 3 因子，q10, q11, q12 は第 4 因子とそれぞれ絶対値の高い因子負荷量をもっていることがわかる．

一番下の出力は適合度検定で，今回設定した 4 という因子数が十分かどうかを検定している．この中の p 値を見て有意でなければ，この因子数で十分であると判断する．ただ，標本サイズが大きいと有意になりやすいので，大標本の場合はこの結果は気にしなくてよいだろう．また，今回のスクリプトでは因子得点の推定値も計算するよう指定した．出力には出てこないが，out.fa$scores と入力すれば出力される．

15.3　因子の解釈

因子分析における重要な作業が，抽出された因子を解釈し，命名することである．これは，因子負荷量行列（因子パターン行列）をもとに，その現象についての洞察とともに行う．斜交解の場合は因子間相関行列も参考になる．今回の事例では，第 1 因子に対して絶対値の高い因子負荷量をもつ項目は

- q01. 雰囲気がいい　　　　　　　（0.962）
- q02. 馴染みやすい　　　　　　　（0.828）
- q03. 社風が自分に合っている　　（0.738）

であり，この因子は職場の雰囲気の良さに関する因子であるといえる．いずれも符号がプラスであることを考えると，例えば "雰囲気の良さ" と命名できる．同様に他の因子を解釈すると，第 2 因子は，自分が成長できるかどうかに関する因子といえるので，例えば "自己成長" と命名できる．第 3 因子は，仕事内容が自分に合っているかどうかに関する因子といえるので，例えば "仕事の相性" と命名できる．第 4 因子は，概して大企業志向を示す因子といえるので，例えば "大企業志向" と命名できる．

15.4　因子得点と下位尺度得点

因子分析を行う研究では，因子の解釈だけでなく，そこで抽出された因子を別の分析に利用することが多い．そのために，各被験者が各因子をどれだけ強くもっているかを表す得点を算出したい．この得点には，先述した因子得点を推定するやり方と，**下位尺度得点** を求めるやり方がある．

ある因子の下位尺度得点は一般に，その因子に対して高い因子負荷量の絶対値をもつ項目（因子負荷量がマイナスの項目は逆転項目[1]にする）の合計（または平均）として求められる．因子得点と下位尺度得点では，下位尺度得点の方が表している内容が項目の合計（または平均）とはっきりしている．例えば，今回の第1因子に対して因子負荷量の絶対値が基準の0.4より高い項目はq01，q02，q03であり，すべて因子負荷量がプラスなので，第1因子の下位尺度得点はこれら3項目の合計（または平均）として計算される（表15.3参照）．

表 15.3: 第 1 因子の下位尺度得点の算出

ID	q01	q02	q03	⋯	q12	第1因子の下位尺度得点 (q01+q02+q03)/3
1	3	4	3	⋯	2	$(3+4+3)/3 ≒ 3.33$
2	5	5	4	⋯	3	$(5+5+4)/3 ≒ 4.67$
3	4	5	5	⋯	4	$(4+5+5)/3 ≒ 4.67$
⋮	⋮	⋮	⋮	⋱	⋮	⋮
24	3	3	4	⋯	3	$(3+3+4)/3 ≒ 3.33$

そもそもなぜ複数の項目を合計するのか考えてみよう．それは，1つの項目だけだと，因子として抽出したモノ以外の要素も混ざっているからである．そこで，複数の項目の合計をとってやれば，他の要素の影響が相対的に小さくなり，共通して測っているモノが浮かび上がってくる．したがって，因子負荷量の絶対値の高い項目を合計するという操作の背景には，これらの項目が共通のモノを測っているという仮定がある．項目群が同じモノを測れている程度を **内的整合性** あるいは **内的一貫性**（internal consistency）という．これは，項目群がどれほど精度よく測れているかを示す **信頼性**（reliability）を調べるアプローチの1つであり，これに基づく信頼性の指標に **クロンバックの α 係数**（Cronbach's coefficient alpha）がある．なお，項目群の良さの基準として，測ろうとしているモノをどれほど測れているか（的外れなモノを測っていないか）を示す **妥当性**（validity）もある．

---

[1] 例えば 5 段階なら，5 → 1，4 → 2，3 → 3，2 → 4，1 → 5 と変換したもの．

問題集

注）計算過程や計算結果では断りのない限り，小数第 3 位を四捨五入して小数第 2 位まで求めよ．

問題 1
次のデータの尺度水準は，名義尺度，順序尺度，間隔尺度，比尺度のどれにあたるか．

- マラソンのタイム（秒）　　名義尺度　/　順序尺度　/　間隔尺度　/　比尺度
- 血液型（ABO 式）　　　　　名義尺度　/　順序尺度　/　間隔尺度　/　比尺度
- 摂氏の温度（℃）　　　　　　名義尺度　/　順序尺度　/　間隔尺度　/　比尺度
- 100m 走の順位　　　　　　 名義尺度　/　順序尺度　/　間隔尺度　/　比尺度
- 居住地（市区町村）　　　　　名義尺度　/　順序尺度　/　間隔尺度　/　比尺度

問題 2
次の指標は，それぞれ名義尺度，順序尺度，間隔尺度，比尺度のどのデータで計算できるか，可能なものをすべて答えよ．

- 最頻値　　　　　　　　　　名義尺度　/　順序尺度　/　間隔尺度　/　比尺度
- 中央値　　　　　　　　　　名義尺度　/　順序尺度　/　間隔尺度　/　比尺度
- 平均　　　　　　　　　　　名義尺度　/　順序尺度　/　間隔尺度　/　比尺度
- 四分位偏差　　　　　　　　名義尺度　/　順序尺度　/　間隔尺度　/　比尺度
- 不偏分散　　　　　　　　　名義尺度　/　順序尺度　/　間隔尺度　/　比尺度
- (標本) 標準偏差　　　　　　名義尺度　/　順序尺度　/　間隔尺度　/　比尺度

問題 3
次のデータの中央値，平均，標本分散，不偏分散，(標本) 標準偏差，(不偏) 標準偏差を求めよ．

| 33 | 21 | 37 | 15 | 29 |

中央値	平均	標本分散	不偏分散	(標本) 標準偏差	(不偏) 標準偏差

問題 4

20%の確率で当たるスロットマシンがあるとする．このスロットマシンを5回やってそのうち3回当たる確率はいくつか．（小数第4位まで求めよ）

問題 5

平均 0.5，分散 0.8^2 の正規分布にしたがう確率変数 X が $-0.78 \sim 0.18$ の範囲に入る確率はいくつか．（小数第4位まで求めよ）

問題 6

偶数の目が出る確率が 55% のイカサマサイコロがあるとする．このサイコロを 1100 回振って，偶数の目が 622 回以上出る確率はいくつか．二項分布の正規分布近似を利用して求めよ．（半整数補正を施し，小数第4位まで求めよ）

問題 7

ある正規母集団から標本サイズが 15 の標本を無作為に何度も抽出し，その度に次の t 値

$$t = \frac{標本平均 - 母平均}{\frac{(標本)標準偏差}{\sqrt{標本サイズ - 1}}}$$

を計算するとする．t 分布表（p.107）を使って，以下の空白を埋めよ．

- この t 値は，自由度が ＿＿＿＿ の t 分布にしたがう．
- この t 値が －＿＿＿＿ ～ ＿＿＿＿ の範囲をとる確率は 0.99 である．
- この t 値が －＿＿＿＿ より小さいか ＿＿＿＿ より大きい確率は 0.05 である．
- この t 値が ＿＿＿＿ より大きい確率は 0.05 である．

問題 8

次は正規母集団からの無作為標本のデータ（架空）である．これで母平均の 95% 信頼区間を求めよ．

被験者	新田	河合	富川	生稲	我妻	標本平均	(標本) 標準偏差	標本サイズ
観測値	38	21	27	19	45			

t_α ＿＿＿＿　　　95%信頼区間　下限 ＿＿＿＿　〜　上限 ＿＿＿＿

問題 9

12 名の被験者を無作為に 2 群に分け，一方の群に集中力を高める"ある訓練"をさせた．そして両群に計算課題をさせた結果が下である（架空）．このデータに対して t 検定を両側検定で行え．なお，α は 0.05 とし，両標本の母集団は正規分布にしたがい，母分散は等しいとする．

訓練群	被験者	新田	河合	富川	白石	我妻	—	—	標本平均	不偏分散	標本サイズ
	観測値	47	32	43	25	43	—	—			
対照群	被験者	高井	中島	岩井	生稲	杉浦	山本	名越	標本平均	不偏分散	標本サイズ
	観測値	23	14	19	11	20	31	43			

t 値		自由度		棄却域の境界値	下側	上側	結果	・有意差あり	・有意差なし

問題 10

5 名の被験者にある人の講演を聞いてもらい，その前後で動機づけを測る尺度に答えてもらった結果が下である（架空）．このデータに対して t 検定を両側検定で行え．なお，α は 0.05 とする．

被験者	新田	河合	富川	城之内	我妻	標本平均		
講演前	28	37	14	47	19			
講演後	39	44	17	42	38		標本分散	標本サイズ
差								

t 値		自由度		棄却域の境界値	下側	上側	結果	・有意差あり	・有意差なし

問題 11

18 名の被験者を無作為に単独群,一人観察群,二人観察群のいずれかに割り当て,単独群では 1 人で,一人観察群では 1 名の人に見られながら,二人観察群では 2 名の人に見られながら,それぞれ複雑な作業をさせた結果が下である(架空).このデータで分散分析を行え.なお,α は 0.05 とする.

単独群		一人観察群		二人観察群	
被験者	観測値	被験者	観測値	被験者	観測値
新田	46	高井	33	吉沢	23
中島	40	城之内	34	横田	17
名越	24	岩井	23	渡辺	11
福永	46	白石	26	三上	34
河合	42	我妻	39	矢島	14
富川	36	三田	31	山本	21
平均		平均		平均	

全体の平均

分散分析表

変動要因	平方和	自由度	平均平方	F 値
観察者の効果				
誤差				—
合計			—	—

棄却域の境界値	

結果	・有意
	・有意でない

問題 12

次のデータ（架空）の共分散と相関係数を求め，相関係数の有意性検定（両側検定，$\alpha = 0.05$）も行え．そして，期末試験の得点を目的変数，中間試験の得点を説明変数として単回帰分析を行い，さらに中間試験が 20 点の人の期末試験の得点の予測値を求めよ．

被験者	新田	河合	富川	岩井	我妻	平均	標本分散	(標本)標準偏差
中間試験の得点 (X)	33	14	27	31	45			
期末試験の得点 (Y)	22	14	30	38	41			
$X - \bar{X}$ の平均 $\cdots A$						—	—	—
$Y - \bar{Y}$ の平均 $\cdots B$						合計	共分散	相関係数
$A \times B$								

t 値		自由度		棄却域の境界値	下側	上側	結果	・有意　・有意でない

傾き		切片		回帰式	期末試験の予測値 ＝	× 中間試験の得点 ＋	
決定係数		中間試験が 20 点の人の期末試験の得点の予測値					

問題 13

無作為に選んだ520名の人に，住んでいる地域と，"うどん"と"そば"ならどちらが好きかを尋ねて，下のクロス表を作成した（架空）．このクロス表で各行について割合を計算し，さらに χ^2 検定を行え．なお，α は 0.05 とする．

観測度数		麺類の好み うどん		麺類の好み そば		合計	
地域	東日本	48	(20%)	192	(80%)	240	(100%)
地域	中日本	27	(30%)	63	(70%)	90	(100%)
地域	西日本	133	(70%)	57	(30%)	190	(100%)
合計		208	(40%)	312	(60%)	520	(100%)

期待度数		麺類の好み うどん	麺類の好み そば
地域	東日本	96	144
地域	中日本	36	54
地域	西日本	76	114

セル χ^2 値		麺類の好み うどん	麺類の好み そば
地域	東日本	24	16
地域	中日本	2.25	1.5
地域	西日本	42.75	28.5

χ^2 値	自由度	棄却域の境界値	結果
115	2	5.991	・有意

数表

標準正規分布表

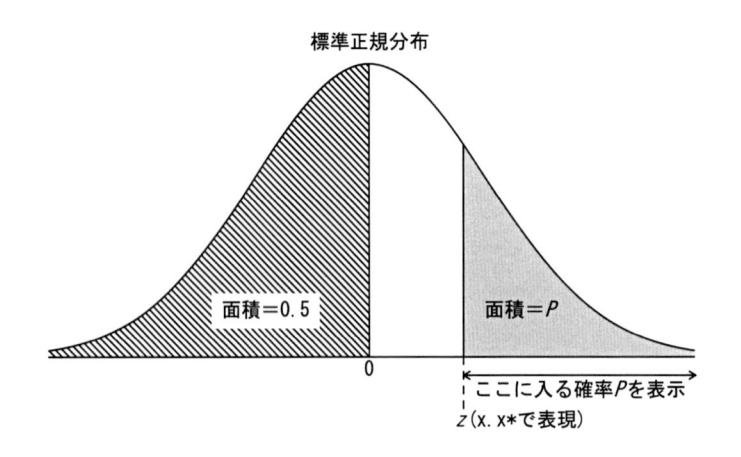

	x.x0	x.x1	x.x2	x.x3	x.x4	x.x5	x.x6	x.x7	x.x8	x.x9
0.0*	.5000	.4960	.4920	.4880	.4840	.4801	.4761	.4721	.4681	.4641
0.1*	.4602	.4562	.4522	.4483	.4443	.4404	.4364	.4325	.4286	.4247
0.2*	.4207	.4168	.4129	.4090	.4052	.4013	.3974	.3936	.3897	.3859
0.3*	.3821	.3783	.3745	.3707	.3669	.3632	.3594	.3557	.3520	.3483
0.4*	.3446	.3409	.3372	.3336	.3300	.3264	.3228	.3192	.3156	.3121
0.5*	.3085	.3050	.3015	.2981	.2946	.2912	.2877	.2843	.2810	.2776
0.6*	.2743	.2709	.2676	.2643	.2611	.2578	.2546	.2514	.2483	.2451
0.7*	.2420	.2389	.2358	.2327	.2296	.2266	.2236	.2206	.2177	.2148
0.8*	.2119	.2090	.2061	.2033	.2005	.1977	.1949	.1922	.1894	.1867
0.9*	.1841	.1814	.1788	.1762	.1736	.1711	.1685	.1660	.1635	.1611
1.0*	.1587	.1562	.1539	.1515	.1492	.1469	.1446	.1423	.1401	.1379
1.1*	.1357	.1335	.1314	.1292	.1271	.1251	.1230	.1210	.1190	.1170
1.2*	.1151	.1131	.1112	.1093	.1075	.1056	.1038	.1020	.1003	.0985
1.3*	.0968	.0951	.0934	.0918	.0901	.0885	.0869	.0853	.0838	.0823
1.4*	.0808	.0793	.0778	.0764	.0749	.0735	.0721	.0708	.0694	.0681
1.5*	.0668	.0655	.0643	.0630	.0618	.0606	.0594	.0582	.0571	.0559
1.6*	.0548	.0537	.0526	.0516	.0505	.0495	.0485	.0475	.0465	.0455
1.7*	.0446	.0436	.0427	.0418	.0409	.0401	.0392	.0384	.0375	.0367
1.8*	.0359	.0351	.0344	.0336	.0329	.0322	.0314	.0307	.0301	.0294
1.9*	.0287	.0281	.0274	.0268	.0262	.0256	.0250	.0244	.0239	.0233
2.0*	.0228	.0222	.0217	.0212	.0207	.0202	.0197	.0192	.0188	.0183

t 分布表（両側）

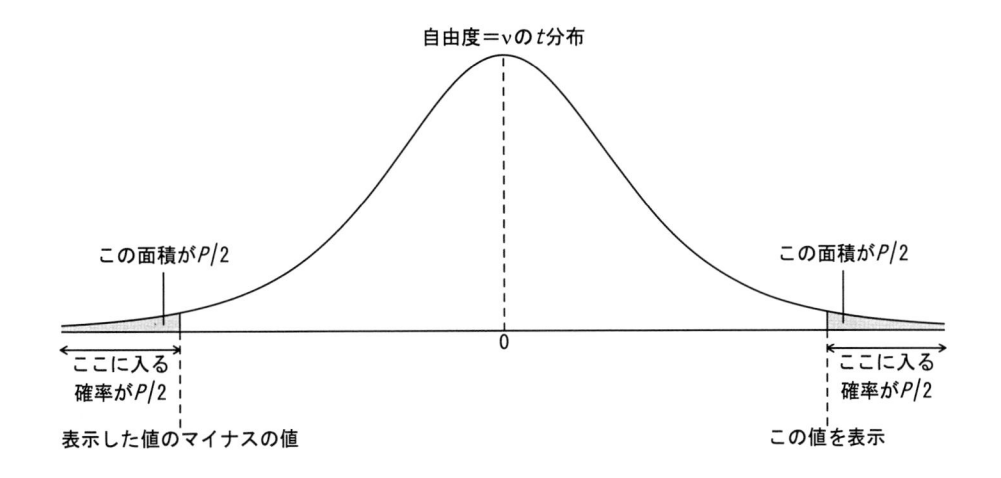

自由度＝ν の t 分布

この面積が$P/2$
ここに入る確率が$P/2$
表示した値のマイナスの値

この面積が$P/2$
ここに入る確率が$P/2$
この値を表示

P \ ν	0.10	0.05	0.025	0.0125	0.01	0.005	0.0025
1	6.31	12.71	25.45	50.92	63.66	127.32	254.65
2	2.92	4.30	6.21	8.86	9.92	14.09	19.96
3	2.35	3.18	4.18	5.39	5.84	7.45	9.46
4	2.13	2.78	3.50	4.31	4.60	5.60	6.76
5	2.02	2.57	3.16	3.81	4.03	4.77	5.60
6	1.94	2.45	2.97	3.52	3.71	4.32	4.98
7	1.89	2.36	2.84	3.34	3.50	4.03	4.59
8	1.86	2.31	2.75	3.21	3.36	3.83	4.33
9	1.83	2.26	2.69	3.11	3.25	3.69	4.15
10	1.81	2.23	2.63	3.04	3.17	3.58	4.00
11	1.80	2.20	2.59	2.98	3.11	3.50	3.89
12	1.78	2.18	2.56	2.93	3.05	3.43	3.81
13	1.77	2.16	2.53	2.90	3.01	3.37	3.73
14	1.76	2.14	2.51	2.86	2.98	3.33	3.67
15	1.75	2.13	2.49	2.84	2.95	3.29	3.62
16	1.75	2.12	2.47	2.81	2.92	3.25	3.58
17	1.74	2.11	2.46	2.79	2.90	3.22	3.54
18	1.73	2.10	2.45	2.77	2.88	3.20	3.51
19	1.73	2.09	2.43	2.76	2.86	3.17	3.48
20	1.72	2.09	2.42	2.74	2.85	3.15	3.46
21	1.72	2.08	2.41	2.73	2.83	3.14	3.43
22	1.72	2.07	2.41	2.72	2.82	3.12	3.41
23	1.71	2.07	2.40	2.71	2.81	3.10	3.39
24	1.71	2.06	2.39	2.70	2.80	3.09	3.38
25	1.71	2.06	2.38	2.69	2.79	3.08	3.36
∞	1.64	1.96	2.24	2.50	2.58	2.81	3.02

（自由度＝∞ の t 分布は標準正規分布に一致する）

F分布表（片側）

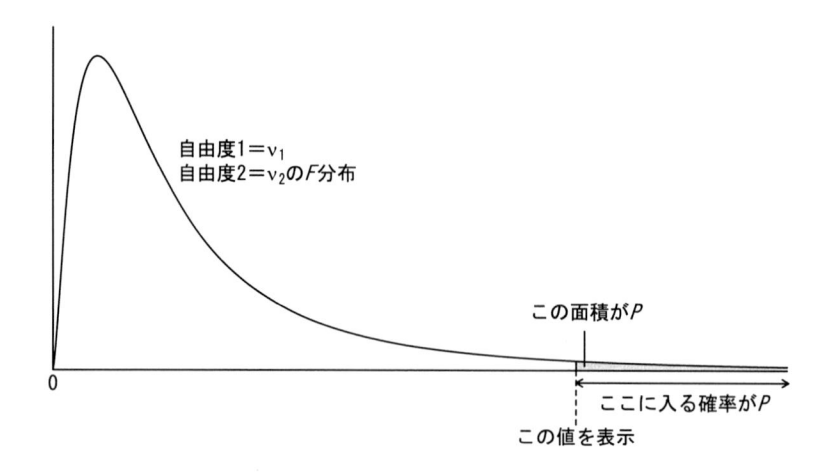

自由度1＝ν_1
自由度2＝ν_2のF分布

この面積がP
ここに入る確率がP
この値を表示

ν_1	ν_2	0.10	0.05	0.025	0.0125	0.01	0.005	0.0025	ν_1	ν_2	0.10	0.05	0.025	0.0125	0.01	0.005	0.0025
1	3	5.54	10.13	17.44	29.07	34.12	55.55	89.58	2	3	5.46	9.55	16.04	26.35	30.82	49.80	79.93
1	4	4.54	7.71	12.22	18.62	21.20	31.33	45.67	2	4	4.32	6.94	10.65	15.89	18.00	26.28	38.00
1	5	4.06	6.61	10.01	14.52	16.26	22.78	31.41	2	5	3.78	5.79	8.43	11.93	13.27	18.31	24.96
1	6	3.78	5.99	8.81	12.40	13.75	18.63	24.81	2	6	3.46	5.14	7.26	9.93	10.92	14.54	19.10
1	7	3.59	5.59	8.07	11.12	12.25	16.24	21.11	2	7	3.26	4.74	6.54	8.74	9.55	12.40	15.89
1	8	3.46	5.32	7.57	10.28	11.26	14.69	18.78	2	8	3.11	4.46	6.06	7.96	8.65	11.04	13.89
1	9	3.36	5.12	7.21	9.68	10.56	13.61	17.19	2	9	3.01	4.26	5.71	7.42	8.02	10.11	12.54
1	10	3.29	4.96	6.94	9.23	10.04	12.83	16.04	2	10	2.92	4.10	5.46	7.01	7.56	9.43	11.57
1	11	3.23	4.84	6.72	8.89	9.65	12.23	15.17	2	11	2.86	3.98	5.26	6.70	7.21	8.91	10.85
1	12	3.18	4.75	6.55	8.61	9.33	11.75	14.49	2	12	2.81	3.89	5.10	6.45	6.93	8.51	10.29
1	13	3.14	4.67	6.41	8.39	9.07	11.37	13.95	2	13	2.76	3.81	4.97	6.26	6.70	8.19	9.84
1	14	3.10	4.60	6.30	8.20	8.86	11.06	13.50	2	14	2.73	3.74	4.86	6.09	6.51	7.92	9.47
1	15	3.07	4.54	6.20	8.05	8.68	10.80	13.13	2	15	2.70	3.68	4.77	5.95	6.36	7.70	9.17
1	16	3.05	4.49	6.12	7.91	8.53	10.58	12.82	2	16	2.67	3.63	4.69	5.83	6.23	7.51	8.92
1	17	3.03	4.45	6.04	7.80	8.40	10.38	12.55	2	17	2.64	3.59	4.62	5.73	6.11	7.35	8.70
1	18	3.01	4.41	5.98	7.70	8.29	10.22	12.32	2	18	2.62	3.55	4.56	5.65	6.01	7.21	8.51
1	19	2.99	4.38	5.92	7.61	8.18	10.07	12.12	2	19	2.61	3.52	4.51	5.57	5.93	7.09	8.35
1	20	2.97	4.35	5.87	7.53	8.10	9.94	11.94	2	20	2.59	3.49	4.46	5.50	5.85	6.99	8.21
3	3	5.39	9.28	15.44	25.22	29.46	47.47	76.06	4	3	5.34	9.12	15.10	24.60	28.71	46.19	73.95
3	4	4.19	6.59	9.98	14.77	16.69	24.26	34.96	4	4	4.11	6.39	9.60	14.15	15.98	23.15	33.30
3	5	3.62	5.41	7.76	10.86	12.06	16.53	22.43	4	5	3.52	5.19	7.39	10.28	11.39	15.56	21.05
3	6	3.29	4.76	6.60	8.91	9.78	12.92	16.87	4	6	3.18	4.53	6.23	8.35	9.15	12.03	15.65
3	7	3.07	4.35	5.89	7.77	8.45	10.88	13.84	4	7	2.96	4.12	5.52	7.22	7.85	10.05	12.73
3	8	2.92	4.07	5.42	7.02	7.59	9.60	11.98	4	8	2.81	3.84	5.05	6.49	7.01	8.81	10.94
3	9	2.81	3.86	5.08	6.49	6.99	8.72	10.73	4	9	2.69	3.63	4.72	5.98	6.42	7.96	9.74
3	10	2.73	3.71	4.83	6.10	6.55	8.08	9.83	4	10	2.61	3.48	4.47	5.60	5.99	7.34	8.89
3	11	2.66	3.59	4.63	5.81	6.22	7.60	9.17	4	11	2.54	3.36	4.28	5.31	5.67	6.88	8.25
3	12	2.61	3.49	4.47	5.57	5.95	7.23	8.65	4	12	2.48	3.26	4.12	5.08	5.41	6.52	7.76
3	13	2.56	3.41	4.35	5.38	5.74	6.93	8.24	4	13	2.43	3.18	4.00	4.90	5.21	6.23	7.37
3	14	2.52	3.34	4.24	5.23	5.56	6.68	7.91	4	14	2.39	3.11	3.89	4.74	5.04	6.00	7.06
3	15	2.49	3.29	4.15	5.10	5.42	6.48	7.63	4	15	2.36	3.06	3.80	4.62	4.89	5.80	6.80
3	16	2.46	3.24	4.08	4.98	5.29	6.30	7.40	4	16	2.33	3.01	3.73	4.51	4.77	5.64	6.58
3	17	2.44	3.20	4.01	4.89	5.18	6.16	7.21	4	17	2.31	2.96	3.66	4.42	4.67	5.50	6.39
3	18	2.42	3.16	3.95	4.80	5.09	6.03	7.04	4	18	2.29	2.93	3.61	4.33	4.58	5.37	6.23
3	19	2.40	3.13	3.90	4.73	5.01	5.92	6.89	4	19	2.27	2.90	3.56	4.26	4.50	5.27	6.09
3	20	2.38	3.10	3.86	4.67	4.94	5.82	6.76	4	20	2.25	2.87	3.51	4.20	4.43	5.17	5.97

F 分布表（片側）の続き

ν_1	ν_2	\multicolumn{7}{c}{P}	ν_1	ν_2	\multicolumn{7}{c}{P}
		0.10	0.05	0.025	0.0125	0.01	0.005	0.0025			0.10	0.05	0.025	0.0125	0.01	0.005	0.0025
5	3	5.31	9.01	14.88	24.20	28.24	45.39	72.62	6	3	5.28	8.94	14.73	23.93	27.91	44.84	71.71
5	4	4.05	6.26	9.36	13.75	15.52	22.46	32.26	6	4	4.01	6.16	9.20	13.48	15.21	21.97	31.54
5	5	3.45	5.05	7.15	9.90	10.97	14.94	20.18	6	5	3.40	4.95	6.98	9.64	10.67	14.51	19.58
5	6	3.11	4.39	5.99	8.00	8.75	11.46	14.88	6	6	3.05	4.28	5.82	7.75	8.47	11.07	14.35
5	7	2.88	3.97	5.29	6.88	7.46	9.52	12.03	6	7	2.83	3.87	5.12	6.64	7.19	9.16	11.55
5	8	2.73	3.69	4.82	6.15	6.63	8.30	10.28	6	8	2.67	3.58	4.65	5.92	6.37	7.95	9.83
5	9	2.61	3.48	4.48	5.65	6.06	7.47	9.12	6	9	2.55	3.37	4.32	5.41	5.80	7.13	8.68
5	10	2.52	3.33	4.24	5.27	5.64	6.87	8.29	6	10	2.46	3.22	4.07	5.04	5.39	6.54	7.87
5	11	2.45	3.20	4.04	4.99	5.32	6.42	7.67	6	11	2.39	3.09	3.88	4.76	5.07	6.10	7.27
5	12	2.39	3.11	3.89	4.76	5.06	6.07	7.20	6	12	2.33	3.00	3.73	4.54	4.82	5.76	6.80
5	13	2.35	3.03	3.77	4.58	4.86	5.79	6.82	6	13	2.28	2.92	3.60	4.36	4.62	5.48	6.44
5	14	2.31	2.96	3.66	4.43	4.69	5.56	6.51	6	14	2.24	2.85	3.50	4.21	4.46	5.26	6.14
5	15	2.27	2.90	3.58	4.31	4.56	5.37	6.26	6	15	2.21	2.79	3.41	4.09	4.32	5.07	5.89
5	16	2.24	2.85	3.50	4.20	4.44	5.21	6.05	6	16	2.18	2.74	3.34	3.98	4.20	4.91	5.68
5	17	2.22	2.81	3.44	4.11	4.34	5.07	5.87	6	17	2.15	2.70	3.28	3.89	4.10	4.78	5.51
5	18	2.20	2.77	3.38	4.03	4.25	4.96	5.72	6	18	2.13	2.66	3.22	3.82	4.01	4.66	5.36
5	19	2.18	2.74	3.33	3.96	4.17	4.85	5.58	6	19	2.11	2.63	3.17	3.75	3.94	4.56	5.23
5	20	2.16	2.71	3.29	3.90	4.10	4.76	5.46	6	20	2.09	2.60	3.13	3.69	3.87	4.47	5.11
7	3	5.27	8.89	14.62	23.73	27.67	44.43	71.04	8	3	5.25	8.85	14.54	23.57	27.49	44.13	70.53
7	4	3.98	6.09	9.07	13.28	14.98	21.62	31.02	8	4	3.95	6.04	8.98	13.13	14.80	21.35	30.62
7	5	3.37	4.88	6.85	9.45	10.46	14.20	19.14	8	5	3.34	4.82	6.76	9.31	10.29	13.96	18.80
7	6	3.01	4.21	5.70	7.56	8.26	10.79	13.96	8	6	2.98	4.15	5.60	7.42	8.10	10.57	13.67
7	7	2.78	3.79	4.99	6.46	6.99	8.89	11.19	8	7	2.75	3.73	4.90	6.32	6.84	8.68	10.91
7	8	2.62	3.50	4.53	5.74	6.18	7.69	9.49	8	8	2.59	3.44	4.43	5.61	6.03	7.50	9.24
7	9	2.51	3.29	4.20	5.24	5.61	6.88	8.36	8	9	2.47	3.23	4.10	5.11	5.47	6.69	8.12
7	10	2.41	3.14	3.95	4.88	5.20	6.30	7.56	8	10	2.38	3.07	3.85	4.74	5.06	6.12	7.33
7	11	2.34	3.01	3.76	4.60	4.89	5.86	6.97	8	11	2.30	2.95	3.66	4.47	4.74	5.68	6.74
7	12	2.28	2.91	3.61	4.37	4.64	5.52	6.51	8	12	2.24	2.85	3.51	4.25	4.50	5.35	6.29
7	13	2.23	2.83	3.48	4.20	4.44	5.25	6.15	8	13	2.20	2.77	3.39	4.07	4.30	5.08	5.93
7	14	2.19	2.76	3.38	4.05	4.28	5.03	5.86	8	14	2.15	2.70	3.29	3.92	4.14	4.86	5.64
7	15	2.16	2.71	3.29	3.93	4.14	4.85	5.62	8	15	2.12	2.64	3.20	3.80	4.00	4.67	5.40
7	16	2.13	2.66	3.22	3.82	4.03	4.69	5.41	8	16	2.09	2.59	3.12	3.70	3.89	4.52	5.20
7	17	2.10	2.61	3.16	3.73	3.93	4.56	5.24	8	17	2.06	2.55	3.06	3.61	3.79	4.39	5.03
7	18	2.08	2.58	3.10	3.65	3.84	4.44	5.09	8	18	2.04	2.51	3.01	3.53	3.71	4.28	4.89
7	19	2.06	2.54	3.05	3.59	3.77	4.34	4.96	8	19	2.02	2.48	2.96	3.46	3.63	4.18	4.76
7	20	2.04	2.51	3.01	3.53	3.70	4.26	4.85	8	20	2.00	2.45	2.91	3.40	3.56	4.09	4.65
9	3	5.24	8.81	14.47	23.45	27.35	43.88	70.13	10	3	5.23	8.79	14.42	23.36	27.23	43.69	69.81
9	4	3.94	6.00	8.90	13.01	14.66	21.14	30.30	10	4	3.92	5.96	8.84	12.91	14.55	20.97	30.04
9	5	3.32	4.77	6.68	9.19	10.16	13.77	18.54	10	5	3.30	4.74	6.62	9.10	10.05	13.62	18.32
9	6	2.96	4.10	5.52	7.31	7.98	10.39	13.43	10	6	2.94	4.06	5.46	7.22	7.87	10.25	13.24
9	7	2.72	3.68	4.82	6.21	6.72	8.51	10.70	10	7	2.70	3.64	4.76	6.12	6.62	8.38	10.52
9	8	2.56	3.39	4.36	5.50	5.91	7.34	9.03	10	8	2.54	3.35	4.30	5.41	5.81	7.21	8.87
9	9	2.44	3.18	4.03	5.00	5.35	6.54	7.92	10	9	2.42	3.14	3.96	4.92	5.26	6.42	7.77
9	10	2.35	3.02	3.78	4.64	4.94	5.97	7.14	10	10	2.32	2.98	3.72	4.56	4.85	5.85	6.99
9	11	2.27	2.90	3.59	4.36	4.63	5.54	6.56	10	11	2.25	2.85	3.53	4.28	4.54	5.42	6.41
9	12	2.21	2.80	3.44	4.14	4.39	5.20	6.11	10	12	2.19	2.75	3.37	4.06	4.30	5.09	5.97
9	13	2.16	2.71	3.31	3.97	4.19	4.94	5.76	10	13	2.14	2.67	3.25	3.88	4.10	4.82	5.62
9	14	2.12	2.65	3.21	3.82	4.03	4.72	5.47	10	14	2.10	2.60	3.15	3.74	3.94	4.60	5.33
9	15	2.09	2.59	3.12	3.70	3.89	4.54	5.23	10	15	2.06	2.54	3.06	3.62	3.80	4.42	5.10
9	16	2.06	2.54	3.05	3.60	3.78	4.38	5.04	10	16	2.03	2.49	2.99	3.51	3.69	4.27	4.90
9	17	2.03	2.49	2.98	3.51	3.68	4.25	4.87	10	17	2.00	2.45	2.92	3.42	3.59	4.14	4.73
9	18	2.00	2.46	2.93	3.43	3.60	4.14	4.72	10	18	1.98	2.41	2.87	3.35	3.51	4.03	4.59
9	19	1.98	2.42	2.88	3.36	3.52	4.04	4.60	10	19	1.96	2.38	2.82	3.28	3.43	3.93	4.46
9	20	1.96	2.39	2.84	3.30	3.46	3.96	4.49	10	20	1.94	2.35	2.77	3.22	3.37	3.85	4.35

χ^2分布表（片側）

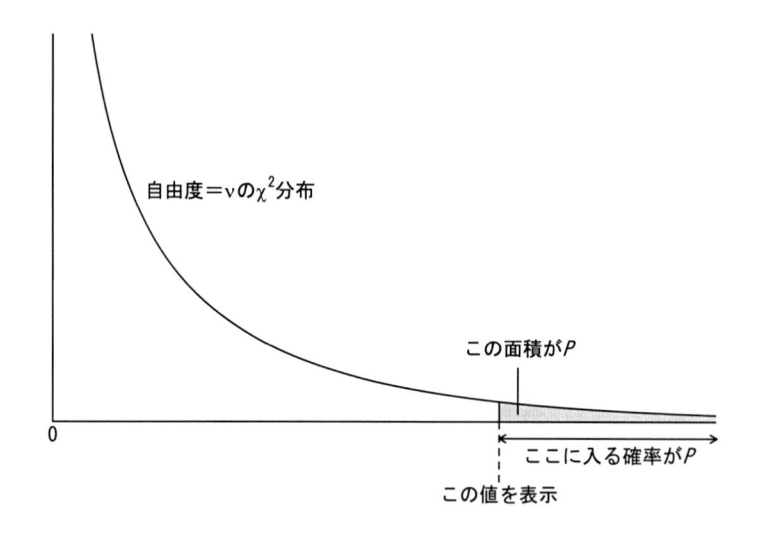

自由度＝νのχ^2分布

この面積がP

ここに入る確率がP

この値を表示

P \ ν	0.10	0.05	0.025	0.0125	0.01	0.005	0.0025
1	2.71	3.84	5.02	6.24	6.63	7.88	9.14
2	4.61	5.99	7.38	8.76	9.21	10.60	11.98
3	6.25	7.81	9.35	10.86	11.34	12.84	14.32
4	7.78	9.49	11.14	12.76	13.28	14.86	16.42
5	9.24	11.07	12.83	14.54	15.09	16.75	18.39
6	10.64	12.59	14.45	16.24	16.81	18.55	20.25
7	12.02	14.07	16.01	17.88	18.48	20.28	22.04
8	13.36	15.51	17.53	19.48	20.09	21.95	23.77
9	14.68	16.92	19.02	21.03	21.67	23.59	25.46
10	15.99	18.31	20.48	22.56	23.21	25.19	27.11
11	17.28	19.68	21.92	24.06	24.72	26.76	28.73
12	18.55	21.03	23.34	25.53	26.22	28.30	30.32
13	19.81	22.36	24.74	26.99	27.69	29.82	31.88
14	21.06	23.68	26.12	28.42	29.14	31.32	33.43
15	22.31	25.00	27.49	29.84	30.58	32.80	34.95
16	23.54	26.30	28.85	31.25	32.00	34.27	36.46
17	24.77	27.59	30.19	32.64	33.41	35.72	37.95
18	25.99	28.87	31.53	34.03	34.81	37.16	39.42
19	27.20	30.14	32.85	35.40	36.19	38.58	40.88
20	28.41	31.41	34.17	36.76	37.57	40.00	42.34
21	29.62	32.67	35.48	38.11	38.93	41.40	43.78
22	30.81	33.92	36.78	39.46	40.29	42.80	45.20
23	32.01	35.17	38.08	40.79	41.64	44.18	46.62
24	33.20	36.42	39.36	42.12	42.98	45.56	48.03
25	34.38	37.65	40.65	43.45	44.31	46.93	49.44

引用文献

千野直仁 (2003). 反復測定データの分析とその周辺　教育心理学年報, **42**, 107-118.

Kirk, R. E. (1995). *Experimental design: Procedures of the behavioral sciences* (3rd ed.). Pacific Grove, CA: Brooks/Cole.

栗田佳代子 (1996). 観測値の独立性の仮定からの逸脱が t 検定の検定力に及ぼす影響　教育心理学研究, **44**, 234-242.

大久保街亜・岡田謙介 (2012). 伝えるための心理統計―効果量・信頼区間・検定力―　勁草書房

鈴木眞雄 (1983). 2×2 分割表における chi-square 検定と Yates の修正に関する最近の検討　愛知教育大学研究報告, **32**, 13-17.

丹後俊郎・高木晴良・山岡和枝 (1996). ロジスティック回帰分析―SAS を利用した統計解析の実際―　朝倉書店

脇田貴文 (2004). 評定尺度法におけるカテゴリ間の間隔について―項目反応モデルを用いた評価方法―　心理学研究, **75**, 331-338.

山内光哉 (1997). 心理・教育のための統計法　サイエンス社

柳井晴夫 (2008). Q55-A　繁桝算男・柳井晴夫・森敏昭（編著）　Q & A で知る統計データ解析（第2版）―DOs and DON'Ts―　サイエンス社　pp.110-111.

吉田寿夫 (1992). 2つの変数の関係を分析する方法　森敏昭・吉田寿夫（編著）　心理学のためのデータ解析テクニカルブック　北大路書房　pp.217-259.

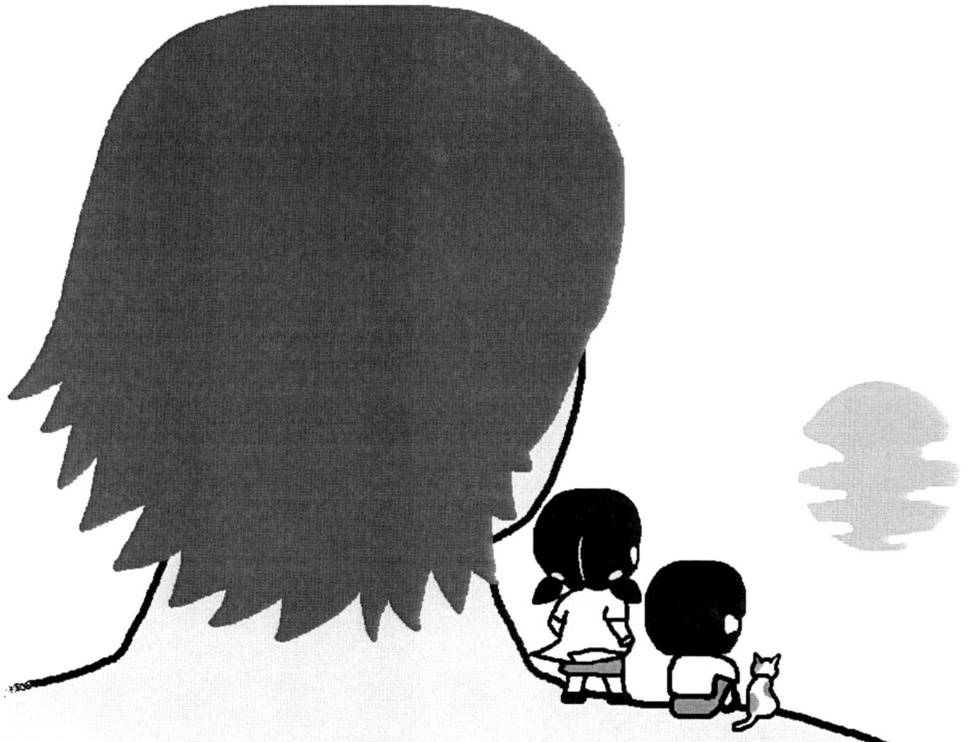

索引

邦文索引

い
イェーツの連続性補正, 73
一元配置分散分析, 50
因子, 50
因子寄与, 94
因子寄与率, 94
因子得点, 93
因子パターン行列, 97
因子負荷量, 93
因子分析, 92

う
ウェルチの t 検定, 45

え
F 検定, 44
F 分布, 44
エラーバー, 17

お
オッズ, 85
オッズ比, 85

か
回帰式, 64
回帰直線, 66
階級値, 6
下位尺度得点, 97
階乗, 21
χ^2 検定, 70
χ^2 値, 71
χ^2 分布, 71
確証的因子分析, 92
確率関数, 20
確率分布, 20
確率変数, 20
確率密度関数, 23
片側検定, 40
傾き, 64
間隔尺度, 4
頑健性, 54
完全無作為化法, 59
観測値の独立性, 43, 54
観測度数, 70

観測変数, 81

き
棄却, 38
棄却域, 39
棄却限界値, 40
危険率, 40
擬似決定係数, 90
擬似相関, 63
記述統計, 2
期待値, 22
期待度数, 71
基本統計量, 10
帰無仮説, 38
球面性仮定, 56
共通因子, 92
共通性, 93
共分散, 62

く
クロス表, 70
クロンバックの α 係数, 98

け
決定係数, 65, 80
検出力, 41
検定力, 41
検定力分析, 42
ケンドールの順位相関係数, 62

こ
効果量, 41
交互作用, 57
交絡, 58
固有値, 94

さ
最小 2 乗法, 64, 94
採択, 38
最頻値, 10
最尤法, 89, 94
算術平均, 10
散布図, 60
散布度, 14

し
指数, 84

自然対数, 23, 84
実験計画法, 50
質的データ, 5
四分位数, 14
四分位偏差, 14
四分領域, 14
尺度水準, 4
斜交解, 93
斜交回転, 93
主因子法, 94
重回帰分析, 59, 66, 78
重相関係数, 80
従属変数, 50, 64
自由度, 30
自由度調整済み決定係数, 80
周辺度数, 70
主効果, 57
順序尺度, 4
常用対数, 84
剰余変数, 58, 80
処理－対比交互作用, 57
信頼区間, 34, 89
信頼性, 98
信頼度, 35
信頼率, 35

す
水準, 50
推測統計, 2
スクリープロット, 94
スタージェスの公式, 6
ステップワイズ法, 82
スピアマンの順位相関係数, 62

せ
正規性, 7, 43, 54
正規分布, 7, 23
正規母集団, 7
正の相関, 62
絶対原点, 5
切片, 64
説明変数, 64
セル, 70
セル χ^2 値, 71
漸近的に, 71
潜在変数, 92
全数調査, 2

そ
相関係数, 62

相対度数, 6

た
第 1 四分位数, 14
第一種の誤り（過誤）, 41
対応のあるデータ, 38
対応のないデータ, 38
第 3 四分位数, 14
対数, 84
第 2 四分位数, 14
第二種の誤り（過誤）, 41
対比－対比交互作用, 57
代表値, 10
対立仮説, 38
多重共線性, 82
多重比較, 53
妥当性, 98
多変量解析, 78
ダミー変数, 82, 85
単回帰分析, 64
探索的因子分析, 92
単純構造, 97
単純主効果, 57

ち
中央値, 10
抽出, 2
超幾何分布, 75
直交解, 93
直交回転, 93

て
底, 84
t 検定, 38
t 分布, 30
テューキーの HSD 検定, 53

と
統計的仮説検定, 38
統計量, 30
等分散性, 43, 54
独自因子, 93
独自性, 93
独立性, 43, 54
独立性の検定, 70
独立変数, 50, 64
度数, 6
度数分布表, 6
度数多角形, 7

な
内的一貫性, 98

内的整合性, 98
に
二元配置分散分析, 56
二項分布, 20
ね
ネイピア数, 23, 84
は
パス解析, 81
パス係数, 81
パス図, 81
外れ値, 63
バリマックス回転, 93
半整数補正, 26
反復測定分散分析, 55
ひ
ピアソンの χ^2 検定, 70
ピアソンの積率相関係数, 62
p 値, 40
被験者間計画, 50
被験者内計画, 55
比尺度, 5
非心 t 分布, 42
非心パラメーター, 42
ヒストグラム, 6
標準化, 80
標準誤差, 89
標準正規分布, 23
標準偏回帰係数, 80
標準偏差, 16
評定尺度法, 5
標本, 2
標本効果量, 41
標本サイズ, 6
標本調査, 2
標本分散, 15
標本分布, 30
標本平均, 2
比率尺度, 5
ふ
フィッシャーの 3 原則, 58
フィッシャーの正確確率検定, 73
負の相関, 62
不偏性, 15
不偏分散, 15
ブロック因子, 59
プロマックス回転, 93
分割表, 70

分散, 15
分散拡大要因, 82
分散の等質性, 43
分散分析, 50
分散分析表, 52
分布関数, 21
へ
平均, 10
平均平方, 52
平方和, 52
ベルヌーイ試行, 20
偏回帰係数, 79, 87
偏差, 15
変数減少法, 82
変数選択, 82
変数増加法, 82
ほ
母効果量, 41
母集団, 2
母相関係数, 64
母標準偏差, 16
母分散, 15, 22, 24
母平均, 2, 22, 24
ボンフェローニ法, 53
み
密度関数, 23
む
無限母集団, 2
無作為抽出, 2
め
名義尺度, 4
も
目的変数, 64
モクリーの球面性検定, 56
ゆ
有意水準, 40
有限母集団, 2
尤度, 89
尤度比検定, 90
よ
要因, 50
ら
乱塊法, 59
り
離散型分布, 20
離散型確率変数, 20
両側検定, 39

量的データ, 5

る

累積分布関数, 21

れ

連続型分布, 20
連続型確率変数, 20

ろ

ロジスティック回帰分析, 59, 84
ロジスティック関数, 86
ロジット, 86

わ

ワルド検定, 89

欧文索引

A

absolute origin, 5
accept, 38
AIC, 89
Akaike's Information Criterion, 89
alternative hypothesis, 38
analysis of variance, 50
ANOVA, 50
ANOVA table, 52
arithmetic mean, 10
asymptotically, 71
average, 10

B

backward elimination method, 82
base, 84
basic statistics, 10
Bernoulli trial, 20
between-subjects design, 50
binomial distribution, 20
block factor, 59
Bonferroni's method, 53

C

cell, 70
cell chi-squared value, 71
chi-squared distribution, 71
chi-squared test, 70
chi-squared value, 71
class value, 6
coefficient of determination, 65
coefficient of determination adjusted for the degree of freedom, 80
common factor, 92
common logarithm, 84
communality, 93
complete survey, 2
completely randomized design, 59
confidence coefficient, 35
confidence interval, 34
confirmatory factor analysis, 92
confounding, 58
contingency table, 70
continuous probability distribution, 20
continuous random variable, 20
contrast-contrast interaction, 57
contribution of factor, 94
correlation coefficient, 62
covariance, 62
Cox & Snell's R-squared, 90
critical region, 39
critical value, 40
Cronbach's coefficient alpha, 98
cross table, 70
cumulative distribution function, 21

D

degree of freedom, 30
density function, 23
dependent variable, 50
descriptive statistics, 2
deviation, 15
discrete probability distribution, 20
discrete random variable, 20
dispersion, 14
distribution function, 21
dummy variable, 82

E

effect size, 41
eigenvalue, 94
error bar, 17
error of the first kind, 41
error of the second kind, 41
expectation, 22
expected frequency, 71
experimental design, 50
explanatory variable, 64
exploratory factor analysis, 92
exponent, 84
extraneous variable, 58

F

factor, 50
factor analysis, 92

factor loading, 93
factor pattern matrix, 97
factor score, 93
factorial, 21
F-distribution, 44
finite population, 2
Fisher's exact test, 73
forward selection method, 82
frequency, 6
frequency polygon, 7
frequency table, 6
F-test, 44

G
G-G epsilon, 56

H
Hedges' g, 42
H-F epsilon, 56
histogram, 6
homogeneity of variance, 43
hypergeometric distribution, 75

I
independence of observations, 43
independent variable, 50
inferential statistics, 2
infinite population, 2
interaction, 57
intercept, 64
internal consistency, 98
interval scale, 4

K
Kendall's rank correlation coefficient, 62

L
latent variable, 92
least squares method, 64
level, 50
level of significance, 40
likelihood, 89
likelihood ratio test, 90
logarithm, 84
logistic function, 86
logistic regression analysis, 84
logit, 86

M
main effect, 57
marginal frequency, 70
Mauchley's test of sphericity, 56
maximum likelihood method, 89

mean, 10
mean squares, 52
median, 10
mode, 10
multicollinearity, 82
multiple comparison, 53
multiple correlation coefficient, 80
multiple regression analysis, 78
multivariate analysis, 78

N
Nagelkerke's R-squared, 90
Napier's constant, 23, 84
natural logarithm, 23, 84
negative correlation, 62
nominal scale, 4
non-central parameter, 42
non-central t-distribution, 42
normal distribution, 7
normal population, 7
normallity, 7
null hypothesis, 38

O
objective variable, 64
oblique rotation, 93
oblique solution, 93
observed frequency, 70
observed variable, 81
odds, 85
odds ratio, 85
one-sided test, 40
one-way ANOVA, 50
ordinal scale, 4
orthogonal rotation, 93
orthogonal solution, 93
outlier, 63

P
paired data, 38
partial regression coefficient, 79
path analysis, 81
path coefficient, 81
path diagram, 81
Pearson's chi-squared test, 70
Pearson's product-moment correlation coefficient, 62
population, 2
population correlation coefficient, 64
population mean, 2

population standard deviation, 16
population variance, 15
positive correlation, 62
power, 41
power analysis, 42
principal factor method, 94
probability density function, 23
probability distribution, 20
probability function, 20
promax rotation, 93
pseudo R-squared, 90
p-value, 40

Q
qualitative data, 5
quantitative data, 5
quartile deviation, 14

R
random sampling, 2
random variable, 20
randomized block design, 59
rating scale method, 5
ratio scale, 5
regression equation, 64
regression line, 66
reject, 38
rejection region, 39
relative frequency, 6
reliability, 98
repeated measures ANOVA, 55
robustness, 54

S
sample, 2
sample mean, 2
sample size, 6
sample survey, 2
sample variance, 15
sampling distribution, 30
scale level, 4
scatter plot, 60
scree plot, 94
SD, 16
semi-interquartile range, 14
significance level, 40
simple main effect, 57
simple structure, 97
single regression analysis, 64
slope, 64

Spearman's rank correlation coefficient, 62
sphericity assumption, 56
spurious correlation, 63
standard deviation, 16
standard error, 89
standard normal distribution, 23
standardization, 80
standardized partial regression coefficient, 80
statistical hypothesis testing, 38
statistics, 30
stepwise method, 82
Sturges' formula, 6
sum of squares, 52

T
t-distribution, 30
test of independence, 70
treatment-contrast interaction, 57
t-test, 38
Tukey's honestly significant difference test, 53
two-sided test, 39
two-way ANOVA, 56
type I error, 41
type II error, 41

U
unbiased variance, 15
unbiasness, 15
unique factor, 93
uniqueness, 93
unpaired data, 38

V
validity, 98
variable selection, 82
variance, 15
variance inflation factor, 82
varimax rotation, 93
VIF, 82

W
Wald test, 89
Welch's t-test, 45
within-subjects design, 55

Y
Yates' continuity correction, 73

著者紹介：

佐部利真吾（さぶり・しんご）

1978 年	岐阜県に生まれる
2001 年	専修大学文学部卒業
2006 年	愛知学院大学大学院文学研究科博士課程満期退学
2009 年	博士（文学）（愛知学院大学）
現　在	愛知学院大学教養部非常勤講師
専　攻	計量心理学
著　書	『Excel による実用マーケティング分析』（共著，日刊工業新聞社）2006 年
	『非対称 MDS の理論と応用』（共著，現代数学社）2012 年
	『現代心理学の基礎と応用：人間理解と対人援助（改訂版）』（共著，樹村房）2018 年

ワークブックで学ぶ統計学入門

2014 年 3 月 10 日　初　版 1 刷発行
2018 年 2 月 15 日　〃　　 2 刷発行
2021 年 3 月 10 日　〃　　 3 刷発行
2025 年 4 月 4 日　〃　　 4 刷発行

著　者　　佐部利真吾
発行者　　富田　淳
発行所　　株式会社　現代数学社
〒 606-8425　京都市左京区鹿ヶ谷西寺ノ前町 1
TEL075（751）0727　FAX075（744）0906
https://www.gensu.jp

印刷・製本　　有限会社 ニシダ印刷製本

ISBN978-4-7687-0436-3

● 落丁・乱丁は送料小社負担でお取替え致します．
● 本書のコピー、スキャン、デジタル化等の無断複製は著作権法上での例外を除き禁じられています。本書を代行業者等の第三者に依頼してスキャンやデジタル化することは、たとえ個人や家庭内での利用であっても一切認められておりません。